Pocket Power

Raimund Schöll

Emotionen managen

Die Herausgeberin

Anne Brunner ist Professorin für Schlüsselqualifikationen an der Fakultät General Studies der Hochschule für Angewandte Wissenschaften – Fachhochschule München. Sie vermittelt die so genannten SoftSkills, die nicht nur im Beruf, sondern auch bei der Persönlichkeitsentwicklung und letztlich in allen Lebenslagen unentbehrlich sind.

Anne Brunner ist Herausgeberin der SoftSkills-Reihe bei Hanser.

Der Autor

Dipl.-Soziologe Raimund Schöll arbeitet als systemischer Managementberater, Coach, Trainer und Privatdozent. Zu seinen Schwerpunktthemen gehören Coaching, Führung, Konflikt- und Changemanagement, Selbst- und Persönlichkeitscoaching sowie die Nachfolge-Veränderungsberatung in mittelständischen Unternehmen.
Kontakt: www.schoell-consultingpartner.de

Raimund Schöll

Emotionen managen

HANSER

Bibliografische Information der Deutschen Bibliothek
Die Deutsche Bibliothek verzeichnet diese Publikation in der Deutschen Nationalbibliografie; detaillierte bibliografische Daten sind im Internet über http://dnb.ddb.de abrufbar.

2. Auflage

www.hanser.de
Lektorat: Lisa Hoffmann-Bäuml
Herstellung: Ursula Barche
Umschlaggestaltung: Büro plan.it unter Verwendung einer Illustration von Frank Schmolke
Gesamtherstellung: Kösel, Krugzell
Printed in Germany

ISBN 978-3-446-41248-4

Vorwort

Die Bedeutung von Schlüsselkompetenzen steht außer Frage, international wie national. Ein Blick in die Stellenanzeigen zeigt, wie wichtig sie Arbeitgebern sind. Auch Schulen und Hochschulen sind sich ihrer Verantwortung zunehmend bewusst. In die Lehrpläne gehört nicht nur Fachwissen. Mindestens ebenso wichtig sind allgemeine Fähigkeiten, mit den verschiedenen Situationen und Herausforderungen des Lebens zurecht zu kommen. Für jeden Menschen ist eine der wichtigsten Schlüsselkompetenzen das lebenslange Lernen. Das vorliegende Buch gehört zu der Pocket Power-Reihe SoftSkills, die Bausteine für den lebenslangen Prozess des Lernens, der Weiterbildung und Kompetenzentwicklung liefert.
Was sind Schlüsselkompetenzen? Angesichts der Vielzahl an Literatur ist es nicht leicht, den Überblick zu behalten. Kompetenzen setzten sich aus drei Komponenten zusammen: Wissen, Fähigkeiten und Haltungen. Einstellungen und Haltungen bilden dabei die Grundlage, denn es geht um mehr als um reine Techniken. Schlüsselkompetenzen sind überfachliche Kompetenzen, die sich in folgende Dimensionen einteilen lassen:

- Persönliche Kompetenz (z.B. Selbstreflexion, Werte, meine Stärken und Grenzen)
- Soziale Kompetenz (z.B. Kommunikations- und Kooperationsfähigkeit, Verständnisbereitschaft)
- Methodische Kompetenz (z. B. präsentieren, moderieren, verständlich schreiben)

- Aktionale Kompetenz (z. B. Initiative, Tatkraft, Ausführungsbereitschaft)
- Reflexive Kompetenz (Reflexionsfähigkeit in Bezug auf äußere Erlebnisse und Erfahrungen)

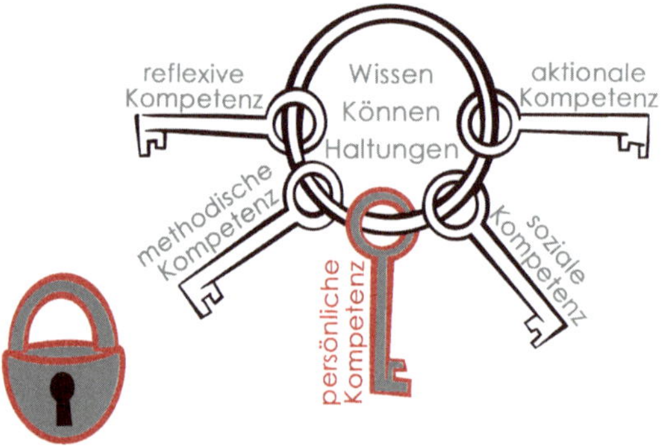

Schlüsselqualifikationen: Fünf Dimensionen, die eng miteinander verknüpft sind. Die reflexive Kompetenz wird hier bewusst als eigene Dimension genannt und bildet den Gegenpol zur aktionalen Kompetenz.

Zur Übersicht dient ein Schlüsselbund, der die fünf Basiskompetenzen darstellt (siehe Bild). Alle Bücher dieser Pocket Power Soft Skills Reihe fördern schwerpunktmäßig eine bestimmte Basiskompetenz. „Emotionen managen" zeigt Ihnen, wie Sie erfolgreich mit den eigenen und den Emotionen anderer umgehen können. Dieser Pocket Power-Band fördert also in erster Linie die *persönliche Kompetenz.*

Viel Freude beim Lesen!

München, Oktober 2007 Anne Brunner

Inhalt

Verwendete Symbole:

Tipps

Beispiel

Übung

Merke

1 Einleitung

Geht es Ihnen nicht auch oft so, dass Sie das Verhalten Ihres Gegenübers einfach nicht einordnen können? Dass Sie sich fragen, warum Ihr Mitarbeiter, Chef oder Kollege sich so und nicht anders verhält? Antworten auf solche und andere Fragen bietet das Thema Emotionen. Sie sind ein wichtiger Bestandteil des menschlichen Miteinanders. Will man verstehen, wie zwischenmenschliche Beziehungen funktionieren, kommt man nicht umhin, sich mit Emotionen auseinander zu setzen.

Emotionen als Beiwerk des Denkens?

Bis vor kurzem waren die Experten eher der Meinung, dass es allein das Denken ist, das menschliches Verhalten erklärbar macht. Gefühle wurden als „quantité négligeable" oder bestenfalls als Beiwerk des Denkens angesehen. Heerscharen von Experten erforschten daher den menschlichen Intellekt, Emotionen wurden als nicht oder nur schwer messbar und daher als unwichtig eingestuft. Diese Ansicht kann mit dem Philosophen und Aufklärer René Descartes auf den Punkt gebracht werden: Cogito ergo sum – ich denke, also bin ich!

Auch in Unternehmen war man bisher der Ansicht, dass Emotionen eine vernachlässigbare Größe sind. Organisationen wurden seit der industriellen Revolution gerne mit leblosen Maschinen verglichen, die in ihnen arbeitende Menschen auf Input-Output-Relationen reduzierten.

Der Soziologe Max Weber brachte das auch heute noch anzutreffende Emotions-Paradigma auf den Punkt, indem er sagte: „Der ideale Beamte waltet seines Amtes ohne Hass und ohne Leidenschaft, daher ohne Liebe und Enthusiasmus.“

Die Bedeutung von Emotionen in Unternehmen

Derzeit vollzieht sich eine „emotionale Wende“. In Zeiten des globalen Wandels und der schnellen Veränderungsprozesse spielen längst nicht mehr nur technische oder strukturelle Fragen eine Rolle. Angesichts des Veränderungsdrucks wird vielen Betrieben und Führungskräften bewusst, dass auch Emotionen die Geschicke des Unternehmens bestimmen, sie nicht selten das Zünglein an der Waage sind. Die Frage nach einem klugen Umgang mit Emotionen und Gefühlen wird immer drängender.

Menschen interpretieren ihren Arbeitsalltag seit jeher sowohl rational als auch emotional. Fühlen und Denken oder Emotion und Kognition, Affektivität und Logik wirken in sämtlichen Leistungen zusammen (Ciompi), auch in Organisationen.

Emotionale Ansprüche von Mitarbeitern

Anhand der Ergebnisse einer Studie, die weltweit vom Gallup-Institut durchgeführt wurde, wird deutlich, was die „emotionale Wende“ für die Zukunft der Unternehmensführung bedeutet. Letztendlich sind es laut Gallup zwölf Fragen, die Mitarbeiter für sich positiv beantwortet haben wollen, bevor sie zu echten Leistungsträgern einer Organisation werden. Von denen sind immerhin sieben eindeutig emotional besetzt (mit * versehen):

- Weiß ich, was bei der Arbeit von mir erwartet wird?
- Habe ich die Materialien und Arbeitsmittel, um meine Arbeit richtig zu machen?
- Habe ich bei der Arbeit jeden Tag die Gelegenheit, das zu tun, was ich am besten kann?
- Habe ich in den letzten sieben Tagen für gute Arbeit Anerkennung und Lob bekommen?*
- Interessiert sich mein Vorgesetzter oder eine andere Person bei der Arbeit für mich als Mensch?*
- Gibt es bei der Arbeit jemanden, der mich in meiner Entwicklung unterstützt und fördert?*
- Habe ich den Eindruck, dass bei der Arbeit meine Meinungen und Vorstellungen zählen?*
- Geben mir die Ziele und die Unternehmensphilosophie meiner Firma das Gefühl, dass meine Arbeit wichtig ist?*
- Sind meine Kollegen bestrebt, Arbeit von hoher Qualität zu leisten?
- Habe ich innerhalb der Firma einen sehr guten Freund?*
- Hat in den letzten sechs Monaten jemand in der Firma mit mir über meine Fortschritte gesprochen?*
- Hatte ich bei der Arbeit während des letzten Jahres die Gelegenheit, Neues zu lernen und mich weiterzuentwickeln?

In einer wissenschaftlich-empirischen Untersuchung zum Thema „Emotionen im Wandel“ hat man herausgefunden, dass gerade in betrieblichen Krisensituationen der Arbeitsalltag hoch emotional besetzt ist. Sowohl gegenüber der Arbeitstätigkeit und der persönlichen Situation als auch gegenüber der Organisation, dem sozialen Umfeld und der Führung entstehen während einer Veränderung sehr unterschiedliche, positive wie negative Gefühle und Stimmungen bei den Mitarbeitern. Diese Gefühlsachterbahnen wirken sich teilweise sehr drastisch auf deren Identität aus. Leistungsabfall und innere Kündigungen sind nicht selten die Konsequenz einer unsensiblen Unternehmenspolitik, sprich eines Mangels an klugem emotionalem Management. Dabei geht es beileibe nicht um die Vermeidung schmerzhafter Erlebnisse oder Konflikte, sondern um die Art und Weise, wie Betriebe, Teams oder Vorgesetzte mit schmerzhaften Erlebnissen umgehen.

Die ewige Menschheitsfrage nach dem richtigen Umgang mit Emotionen

Die Frage, wie wir mit Emotionen umgehen sollen, ist durchaus keine neue. Dieses Thema hat uns seit jeher beschäftigt und fasziniert. Auch Philosophen und Künstler dachten darüber nach. Im Bild des Renaissancemalers Sandro Botticelli etwa ist Minerva (Pallas Athene), die Göttin der Weisheit und der Vernunft zu sehen, wie sie gerade einen Kentauren (Pferdemenschen) bändigt (Bild 1). Die Kentauren standen in der griechischen Mythologie für die menschlichen Triebe und die Leidenschaften, also für das Emotionale. Platon war einer der Ersten, der die Emotionen des Menschen intellektuell durchdrang. Er war der Ansicht, dass Emotion und Vernunft völlig voneinander getrennte Wesenheiten seien (Dualismus). Eine Ansicht, der wir zum Teil auch heute noch anhängen. Platon sah in den Begierden und Leidenschaften nichts Positives, sondern er war überzeugt davon, dass der Gefühlsdämon durch die Vernunft beherrscht werden müsse.

Aristoteles hingegen sah dies schon ein wenig gelassener. Er war der Ansicht, dass Emotionen durchaus nützlich seien und etwa ein legitimes Mittel der Rhetorik sind, um den Zuhörer zu überzeugen und sein Denken zu beeinflussen. Aristoteles führte viele Unterscheidungen ein. Er trennte z. B. den Affekt von den anderen Emotionen. Wer im Affekt handelt, ist seiner Meinung nach nur bedingt zurechnungsfähig. Eine Lesart von Emotion, die sich auch heute noch in unserem Rechtssystem widerspiegelt. Aristoteles fand auch, dass Wut eine durchaus nützliche Emotion, ja gar eine moralische Qualität darstellt. Eher ist Aristoteles bereit, übermäßigen Zorn zu entschuldigen als das Fehlen von Ärger zum rechten Anlass. Er unterschied feinsinnig zwischen praktischen Emotionen wie Ärger und Angst und unpraktischen Emotionen wie Scham, Entrüstung und Mitleid.

Was ist kluges Emotionsmanagement?

Als kluge Emotionsmanager sollten wir wissen,

- wie Emotionen funktionieren,
- welche grundlegenden Emotionen wir voneinander unterscheiden und wie wir sie erkennen können,
- wie wir selbst emotional reagieren und
- welche Methoden wir anwenden können, die ein emotionales Führen von Menschen ermöglichen.

Schließlich sollten wir

- lernen uns selbst in unseren Stimmungen und Gefühlen wahrzunehmen und

Bild 1: Sandro Botticelli, „Minerva bändigt den Kentauren", um 1485, Florenz, Uffizien.
Foto © Paolo Tosi-Artothek

- voreiligen Erklärungen und Bewertungen emotionaler Phänomene konstruktiv zu misstrauen.

Emotionale Klugheit besteht darin von unseren Emotionen und denen anderer gelassen und aufmerksam zu begegnen.

Die Lektüre dieses Pocket Power-Bandes hilft Ihnen, folgende Fähigkeiten aufzubauen:

- sensibler und behutsamer zu werden im Umgang mit den Gefühlen anderer,
- autonomer zu handeln, wenn Sie selbst in einen emotionalen Zustand geraten,
- emotional bedeutende Ereignisse im Unternehmen rechtzeitig zu erkennen und
- situativ passende Methoden und Techniken anzuwenden, um im Gespräch oder in der emotional besetzten Kommunikation Erfolg zu haben.

2 Das kleine Einmaleins der Emotionen

Stellen Sie sich vor, Sie wollen mit Ihrem Chef über Ihre weiteren Karrierechancen im Unternehmen verhandeln. Schon lange haben Sie sich auf ein entsprechendes Gespräch vorbereitet. Ein weiteres Fortkommen in der Firma ist Ihnen wichtig, da Sie schon länger auf einer Stelle sitzen. Zu lang aus Ihrer Sicht. Sie wissen, dass es auch noch andere Kollegen gibt, die ebenso wie Sie auf einen weiteren Karriereschritt hoffen, Sie glauben, dass es nun darum gehen wird, sich in einem Gespräch positiv darzustellen, um die Chancen auf Beförderung zu erhöhen. Sie wissen, dass Ihr Chef sich durch eine geschickt geführte Kommunikation positiv beeinflussen lässt.

- Überlegen Sie, mit welchen Emotionen Sie wahrscheinlich in das Gespräch gehen würden (eine Auswahl angenehmer und unangenehmer Gefühle finden Sie auf Seite 115, Bild 20 und Seite 116, Bild 21).
- Überlegen Sie nun, wie Sie im Gespräch agieren würden. Wie würden Sie das Gespräch beginnen? Worauf würden Sie achten? Wie wäre Ihre Körperhaltung?

2.1 Emotionale Komponenten

Vielleicht haben Sie bei dieser Übung gemerkt, dass die erste Überlegung mit der zweiten Überlegung zusammenhängt. Denn unsere Gefühle steuern unmittelbar unser Handeln. Wären Sie z. B. eher besorgt, verzagt bzw. mit einem mulmigen Gefühl ausgestattet, würden Sie eher stockend und vorsichtig mit dem Gespräch beginnen. Ihr Gesichtsausdruck wäre vielleicht gespannt und ernst. Wären Sie dagegen mit Freude und einer Portion Mut dabei, gingen Sie aller Voraussicht nach lächelnd und mit einer lockeren, entspannten Körperhaltung und Mimik in das Gespräch.

Wovon hängt es nun ab, ob wir so oder so in das Gespräch gehen? Diese Frage ist gar nicht so einfach zu beantworten, denn das Gefühl oder die emotionale Befindlichkeit eines Menschen hängt von verschiedenen Gesichtspunkten bzw. Komponenten ab. Gefühle bzw. Emotionen kommen nicht einfach so zustande, sondern setzen sich aus mindestens drei Komponenten zusammen (Bild 2):

- physiologische Komponente,
- kognitive Komponente und
- mimisch-gestische Komponente.

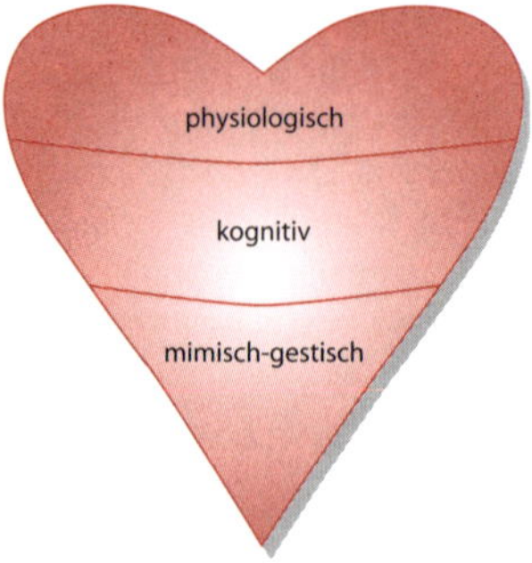

Bild 2: Physiologische, kognitive und mimisch-gestische Komponenten einer Emotion

Physiologische Komponente

Zunächst einmal hat jedes Gefühl ab einem bestimmten Erregungsgrad eine körperliche bzw. physiologische Komponente. Ist das Gefühl bzw. die Emotion stark genug, drückt sie sich körperlich aus. Unser Herz fängt an zu klopfen, die Atmung wird flacher, die Hände werden kälter etc., je nachdem, ob es sich um einen angenehmen oder unangenehmen Zustand handelt. Wir *spüren* regelrecht, wie uns etwas freut, sorgt oder wütend macht. Leibphänomenologisch spricht man von Regungen. Auch in unserer Sprache wird die Emotion als physische Komponente bzw. physischer Kontakt beschrieben. Wir reden davon, dass uns etwas *schwer getroffen* hat, eine Idee die Sprache *verschlagen* hat, eine Frau einfach *umwerfend* ist, etwas auf uns einen *Eindruck macht*, jemand seine *Spuren* in der Welt *hinterlassen* hat. Im Coaching oder in der Therapie fragt man deswegen manchmal auch, wie stark eine Emotion gerade ist, die ein Klient hat. Der Berater lässt dann den Klienten auf einer Skala von 1 bis 10 einschätzen, wie stark das Gefühl, das ihn gerade bewegt, derzeit ist.

Denken Sie an ein kürzlich zurückliegendes Ereignis, das Sie emotional sehr beschäftigt hat. Das kann ein positives oder negatives Ereignis sein. Kreuzen Sie auf folgender Skala an, wie stark das Gefühl bei Ihnen war.

1------2------3------4------5------6------7------8------9------10

Kognitive Komponente

Die meisten Gefühle haben auch eine kognitive bzw. gedankliche Komponente. Wissenschaftler streiten sich allerdings darüber, in welcher Form Gedanken Emotionen beeinflussen können. Viele Experten glauben, dass die kognitive Komponente der Emotionen überschätzt wird, emotionale Reaktionen einerseits angeboren sind und andererseits auch automatisch ausgelöst werden. Emotionen hätten demnach nichts mit einer gedanklichen Voreinschätzung einer Situation zu tun, sondern seien bestenfalls das Ergebnis einer nachträglichen Reflexions- und Gedankenleistung. Der Neurologe und Neuro-Wissenschaftler Joseph LeDoux hat diese Theorie in gewisser Hinsicht bestätigt. Er fand heraus, dass viele Reaktionen des Menschen durch den sogenannten Mandelkern im Gehirn bestimmt werden. Der Mandelkern sorgt dafür, dass wir blitzschnell und automatisch reagieren, wenn etwa ein Fahrzeug auf uns zukommt. Wir reagieren dann instinktiv, indem wir ohne nachzudenken schnell auf die Seite springen. Erst nachträglich kommen dann Panikgefühle und körperliche Folgereaktionen wie zittern, erhöhter Puls, flache Atmung etc., weil uns dann erst klar wird, in welcher Gefahr wir uns befanden. Der Neurologe und Emotionsforscher Antonio Damasio plädiert daher dafür, zwischen Emotion und Gefühl zu unterscheiden. Emotionen kommen seiner Ansicht nach mehr oder weniger automatisch zustande, sind also Vorausleistungen unseres Denkens. Gefühle sind das Ergebnis der gedanklichen Einschätzung einer Situation, also Mit-produkt unseres Denkens.

Im Emotionsmanagement sind beide Möglichkeiten keine Widersprüche. Mag sein, dass wir in vielen Fällen zu rein automatischen Reaktionen neigen, indem wir einfach reagieren bzw. uns erregen, bevor wir denken. Allerdings sind wir Menschen im Gegensatz zu Tieren in der Lage, unseren spontanen Impulsen und automatischen Reaktionen etwas entgegenzusetzen. Der Verhaltensforscher Irenäus Eibel-Eibesfeldt merkt hinsichtlich des Managements von Emotionen an: „Alle Gefühlsregungen, die unser soziales Verhalten maßgeblich beeinflussen, wie Liebe oder Hass, Angst und Eifersucht, sind uns angeboren, … Das soll aber nicht heißen, wir seien Marionetten unserer Instinkte. Der Mensch ist eben auch ein Kulturwesen. Wir können uns von den im Laufe der Evolution entstandenen Instinkten durch kritische Reflexion distanzieren und bewusst handeln."

Man kann auch **primäre** (elementare) von **sekundären** (komplexen) Gefühlen differenzieren. Entlang dieser in vielen Fällen zweifellos dennoch unscharfen Grenzlinie wird einfaches, angeborenes und triebhaftes Verhalten und Wahrnehmen einerseits von erlerntem, kultiviertem und komplexen Verhalten und Wahrnehmen andererseits unterschieden.

In Bild 3 ist der Prozess des Entstehens einer Emotion abgebildet. Die Emotionspsychologen Meyer et al. unterscheiden: den alltäglichen Fall der Emotionsentstehung und den nichtalltäglichen Fall.

Denken Sie an eine Situation, in der Sie spontan emotional reagieren wollten, es aber dann nicht getan haben, weil Sie sich bewusst gezügelt haben.

Mimisch-gestische Komponente

Die mimisch-gestische Komponente der Emotion ist für uns alle die offensichtlichste. Vor allem das Gesicht ist sozusagen das Fenster zu unseren Emotionen. Paul Ekman, der seit über 40 Jahren zum Thema Emotionen forscht, sagt, dass unsere emotionalen Regungen bis zu einem gewissen Grade durch andere

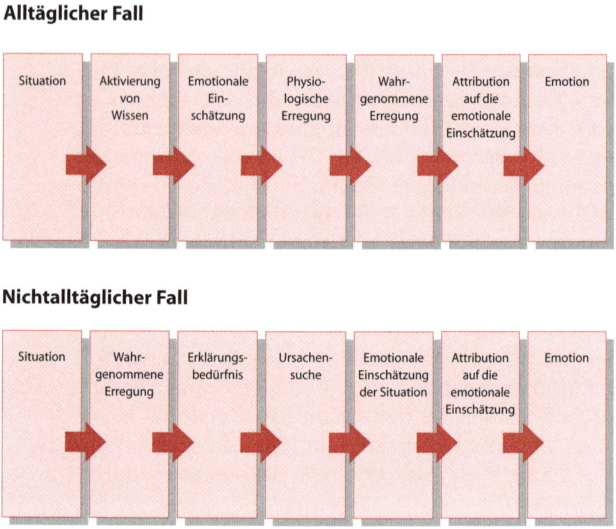

Bild 3: Entstehung einer Emotion

im Gesicht lesbar sind, weil wir unser Gesicht nicht so gut kontrollieren können wie etwa unsere Worte. Man kann deshalb durchaus sagen, dass ein Teil unseres Gefühlslebens öffentlich ist, da man das Gesicht eines anderen Menschen nicht nicht interpretieren kann. Grundemotionen wie Angst, Freude, Ekel, Wut, Trauer, Verachtung und Überraschung geben sich über das Gesicht deutlich zu erkennen. Aber auch Körperhaltung, Tonfall, Bewegungen, Blicke und das Äußere (Kleidung, Körpergeruch, Hautbeschaffenheit, Schmuck, Tätowierungen, Frisur, Accessoires) geben Aufschluss über die Befindlichkeiten eines Menschen.

Im Mittelalter wurde das Gesicht übrigens ausschließlich als Instrument der Fremdeinschätzung verstanden und nicht als individueller Ausdruck der Persönlichkeit, wie wir das Gesicht heute verstehen. Im Mittelalter gab es keine Spiegel und die Menschen wussten zum größten Teil nicht einmal, wie sie selbst aussehen. Das eigene Gesicht war einem fremder als das Gesicht der Mitmenschen. Die Idee der Identitätssuche (Spieglein, Spieglein an der Wand, wer ist der/die Schönste im ganzen Land?) durch den Blick in den Spiegel ist eine Erfindung der Neuzeit. Hierzu eine kleine Anekdote: Sagt ein Psychologe zum anderen: „Du siehst heute gut aus und sag, wie geht's mir?

Ebenso wird die im westlich-christlichen Kulturkreis populäre Methode, sich selbst regelmäßig einer Art emotionalen Innenschau und Selbstprüfung zu unterziehen - die sogenannte Introspektion - bis heute noch von einigen Philosophen mit Skepsis betrachtet. Als in Griechenland noch der Mythos als Mittel der Welterklärung diente, also lange vor Platon, war man der Meinung, dass die Emotionen ganz und gar nicht von innen heraus erzeugt, sondern von den Göttern zu den Menschen geschickt würden. Emotionen wurden in dieser Zeit hingenommen wie Gewitter oder Stürme, sie kamen als unbeeinflussbare Energien bzw. als sich „randlos in den Raum ergießende Atmosphären" (Schmitz, 2007) von außen auf einen zu. Man sah sich außerstande, dem etwas entgegenzusetzen, geschweige denn durch „vernünftiges" Denken dagegen anzukämpfen. Aushalten, Ertragen und Abwarten war daher die Devise. Auf diese Weise bediente man sich damals eines ganz anderen Verfahrens des emotionalen Managements, als man es heute für selbstverständlich richtig hält.

Geben Sie sich zu erkennen: Zeigen Sie Gefühl
Gedanken sind leichter zu verbergen als Gefühle, weil Gedanken sich nicht automatisch körperlich ausdrücken bzw. im Gesicht zeigen. In diesem Sinne werden wir Menschen auch erst einmal durch Emotionen erkennbar für andere und nicht durch das, was wir denken. Es geht sogar noch weiter: Zum Menschen werden wir für andere durch den Ausdruck unseres Gefühls. Menschen, die sich krampfhaft daran hindern, ihr Gefühl nach außen über das Gesicht oder durch den Körper zum Sprechen zu bringen („Pokerface"), sind eher unbeliebt, weil sie dadurch für den anderen nicht erkennbar sind.

Denken Sie über eine kürzliche ärgerliche Begegnung mit einer anderen Person nach. Wie glauben Sie, haben Sie zu dem Zeitpunkt, als der andere besonders ärgerlich auf Sie reagiert hat, ausgesehen? Wie war Ihr Gesichtsausdruck? Wie war die Körperhaltung?

2.2 Wann reagieren wir überhaupt emotional?

Emotionen sind ein Teil des menschlichen Erlebens. Sie kommen sehr individuell zustande und beeinflussen unser Denken und Handeln. Manchmal kommt es vor, dass ein Gedanke – oftmals verknüpft mit inneren Bildern – ein ziemlich starkes Gefühl auslöst, oder wir reagieren auf einen von außen kommenden Reiz, die Wahrnehmung irgendeines Objekts oder Ereignisses. Es kann aber auch vorkommen, dass wir einen bestimmten Gesichtsausdruck aufsetzen, der dann dazu führt, dass ein entsprechendes Gefühl entsteht. Das merken insbesondere Schauspieler, wenn sie sich mimisch, körpersprachlich und gestisch in eine bestimmte Rolle hineinversetzen.

Wir täuschen uns oft darüber, warum ein Mensch emotional reagiert (Bild 4). Menschen reagieren nicht nur emotional, weil ein anderer die Ursache ist oder es eine objektive Situation gäbe, sondern sie reagieren aus den unterschiedlichsten Gründen emotional. Emotionen werden – ähnlich wie Gedanken – einerseits individuell erzeugt, aber auch sozial, d. h. im Verbund mit anderen, konstruiert. Der Literatur- und Kulturwissenschaftler Rene Girard spricht

Bild 4: Emotionen werden nicht immer verstanden

beispielsweise davon, dass kollektive Aggressionen und Gewaltausbrüche bei Menschen häufig durch zwischenmenschliche Ansteckung bzw. durch „mimetische“ Eruptionen motiviert sind. Er belegt dies anhand berühmter „Sündenbock-Fälle“ wie der Kreuzigung Jesu oder der Geschichte des Hiob.

Unsere Emotionen können u. a. durch nachfolgende Prozesse ausgelöst werden:

- automatisches Bewertungssystem,
- Reflexion,
- Erinnerung,
- Fantasie
- Gespräche über vergangene Ereignisse,
- Mitgefühl,
- die Lehren anderer,
- Normverletzungen und soziale Kontexte oder
- Aufsetzen eines Gefühlsausdrucks.

Automatisches Bewertungssystem

Ein wichtiger Auslöser von Emotionen ist das „automatische Bewertungssystem“. Dies meint, dass wir auf viele Reize bzw. Informationen mehr oder weniger reflexhaft antworten. Diese Reize sind als *universelle* Themen in unseren Genen abgespeichert und füttern unsere „emotionale Alarmdatenbank“ (Ekman). Unsere automatischen Bewertungsmechanismen durchmustern unsere Umgebung nach allem, was Ähnlichkeit mit den in unserer emotionalen „Alarmdatenbank“ (emotion alert database) gespeicherten Inhalten aufweist (Bild 5). Die Natur hat dies so eingerichtet, damit wir uns vor allgemeinen Gefahren und Risiken optimal schützen können. Stellen Sie sich z. B. vor, Sie sind im Zoo und Sie hal-

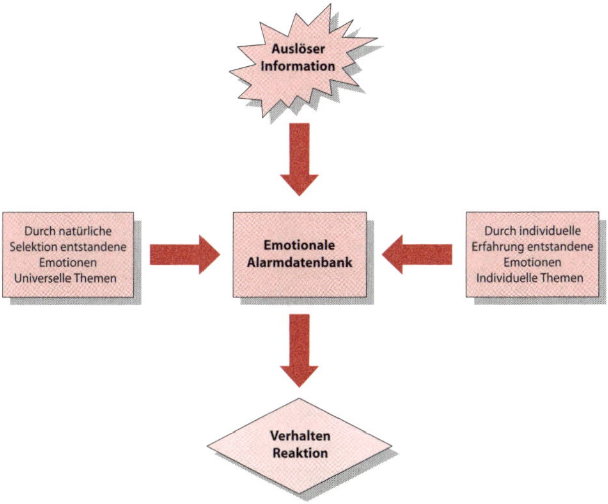

Bild 5: Wann reagieren wir emotional?

ten Ihr Gesicht direkt an die Glasscheibe eines Löwenkäfigs. Sollte der Löwe nun auf Sie zuspringen, würden Sie instinktiv ängstlich zurückweichen. Selbst dann, wenn Sie sich vorgenommen hätten, ruhig stehen zu bleiben. Es hätte sich der Fluchtreflex bei Ihnen eingestellt.

Auch im täglichen Zusammenleben reagiert unsere emotionale Alarmdatenbank. Zwar treten wir uns nicht mehr mit Keule und Speer gegenüber, sondern mit Designeranzügen, Handys und Aktentasche, dennoch reagieren wir Menschen in vielen Situationen sehr ähnlich und vor allem „automatisch“. Aus anthropologischer Perspektive wollen wir stets wissen: „Ist der andere überlegener, mächtiger, wohlhabender, einflussreicher, schwächer, dümmer, intelligenter, stärker, witziger, attraktiver als ich; nimmt er mir die Frau weg, bedroht er meinen Arbeitsplatz, genießt er mehr Anerkennung etc.“?

Automatische emotionale Reaktionen in der Körpersprache
Flucht: ausweichender Blick, Hände abwehrend nach vorne gestreckt, Oberkörper leicht nach hinten geneigt, Kinn eingezogen, Fußspitze zeigt zum Ausgang, häufiges Frequentieren von Pausenraum und Kaffeemaschine, häufiges Schauen auf die Uhr.
Angriff: vorgestrecktes Kinn, fester, fixierender Blick, vorgestreckter Oberkörper, ausgestreckter, drohender oder mahnender Zeigefinger, geballte Faust.
Verstecken: eingezogener Kopf, hochgezogene Schultern, Halstuch, Hut, Sonnenbrille, sich in der Speisenkarte versenken, wenn man eigentlich schon von der Mittagspause zurück sein sollte und der Chef die Kantine betritt.
Hilfe suchen: nach oben gerichteter Blick, seitliche Blicke und Kopfbewegungen, seitlicher Greifimpuls der Hände (Halt suchend), „Kindchenschema“ einsetzen (mit großen Augen von unten nach oben blicken).
Unterwerfen: schräge Kopfhaltung, nach vorn gebeugter Oberkörper, gesenkter Kopf, angewinkelte Unterarme, mit Handinnenflächen nach vorne (Kapitulationsgeste).
Tot stellen: nicht auffallen, sich krank melden, nicht ans Telefon gehen, auf die dritte Mahnung nicht reagieren, mit angehaltenem Atem hinter der verschlossenen Tür stehen und sich nicht bewegen, wenn der Gerichtsvollzieher kommt.

Automatisch reagieren wir aber nicht nur aufgrund universeller anthropologischer Themen. Auch *individuelle* Erfahrungen oder Erlebnisse, sprich unsere einzigartige Biographie, führen dazu, dass sich in bestimmten Situationen die emotionale Alarmdatenbank mit Flucht-, Angriffs-, Versteck-, Hilfe-, Unterwerfungs- oder Totstellreaktionen bemerkbar macht. Wer beispielsweise aus einer rassistisch denkenden Familie kommt, wird sich wahrscheinlich unter Ausländern ängstlich fühlen.

Reflexion

Sicher ist Ihnen schon aufgefallen, dass Sie zur Produktion bestimmter Emotionen keinen äußeren Anlass brauchen. Schon das Nachdenken, der innere Dialog oder das Selbstgespräch über ein bestimmtes Thema kann ausreichen, dass Sie sich von einem Gefühlszustand in den anderen bewegen. Wir Menschen haben im Gegensatz zum Tier die Begabung der Reflexion und wir beeinflussen uns selbst mit unseren eigenen bildhaften und wörtlichen Gedanken. Tragisch wird es dann, wenn wir das nicht mehr erkennen und stattdessen die entstandenen Gefühle anderen zuschreiben. Wir sagen dann: Du bist schuld, dass ich mich so oder so fühle. Wir verstricken uns so in unseren selbst gestrickten Bedeutungszusammenhängen, schreiben diesen Zustand aber anderen zu.

Erinnerung

Auch Erinnerungen lösen zum Teil sehr heftige Emotionen aus. Wenn wir uns erinnern, rufen wir oft zusätzlich zu unseren wörtlichen Gedanken innere Bilder auf, die wir uns dann auf unserer inneren Leinwand anschauen. Diese Bilder werden in der Kommunikation oft nur durch ein Wort ausgelöst. Ich selbst erlebe das immer wieder in meinen Seminaren. Wenn ich die Teilnehmer dazu auffordere, sich an den schönsten Urlaub zurückzuerinnern, den sie jemals in ihrem Leben verbracht hätten, sehe ich in kürzester Zeit meistens in freudig erregte Gesichter. Innere durch Erinnerung hervorgebrachte Bilder entstehen bei uns Menschen permanent, wir nehmen es nur nicht bewusst wahr, weil wir unser mentales Strömen nicht dauernd beobachten.

Fantasie und metaphorisches Denken

Menschen sind von Natur aus fantasiebegabt. Wir stellen uns Dinge und Ereignisse gerne vor. In der Fantasie sind Bilder nicht an einen realen Kontext gebunden, sondern mehr oder weniger frei. Wir reden vom Brainstormen und meinen damit, dass Bilder, die wir fantasieren, gute Ideen sein könnten. Auch Metaphern bzw. Wortblumen regen unser Denken und Fühlen an. Durch phantasiereiches Sprechen kommen sehr viele unterschiedliche Gefühle zustande. Ob ein Mensch fantasiert, metaphorisch denkt oder nicht, können wir von außen kaum beurteilen. Ein Indiz kann allerdings sein, dass die Augen des Protagonisten nach oben gehen. Wenn Menschen bildhaft bzw. fantasiereich denken, schauen sie meistens nach oben.

Gespräche über ein vergangenes Ereignis

Wenn Menschen über ein belastendes Ereignis der Vergangenheit im Gespräch berichten, bekommen sie oft die gleichen Gefühle wie im beschriebenen Ereignis. Deswegen ist es eine interessante Methode, gerade Menschen in melancholischen oder depressiven Zuständen nach positiven vergangenen Erfahrungen zu fragen.

Versuchen Sie einmal ganz bewusst, einen Menschen im Gespräch dazu zu bringen, sich an positive Dinge zu erinnern. Verfolgen Sie, wie sich Ihr Gesprächspartner mimisch, gestisch und körpersprachlich im Gespräch verändert. Hier ein paar Beispielfragen für den Small Talk:

- Was war eigentlich dein größter Erfolg in deiner bisherigen Berufskarriere?
- Worauf bist du stolz im Augenblick?
- Was magst du gerne?
- Was schätzt du im Verhalten anderer Menschen?
- Was ist dir wichtig im Leben?
- Was gefällt dir an deinem Leben?

Mitgefühl

Das Mitgefühl ist eine sehr zu beachtende Form, wie Menschen bei sich Emotionen bzw. Gefühle entwickeln. Mitgefühl sorgt dafür, dass wir die Welt aus der Perspektive des anderen sehen und erleben können. Über Mitgefühl ist vor allem in der Psychologie viel nachgedacht worden. Es gibt Studien, die belegen, dass Mitgefühl Heilungsprozesse fördern und Menschen zur Gesundheit verhelfen kann. Carl Rogers, der Erfinder der Gesprächspsychotherapie, hielt das einfühlende nichtwertende Verstehen sogar für die zentrale Basis eines positiven menschlichen Miteinanders.

Wenn wir mit anderen Menschen mitfühlen, bedeutet das, dass wir versuchen, die Emotion des anderen nachzuvollziehen. Wir fühlen uns traurig, ängstlich, freudig oder optimistisch, weil der andere so fühlt. Bis zu einem gewissen Grade ist es also möglich, dass wir so die Welt des anderen wahrnehmen können. Auch wenn die Welt des anderen nie mit der eigenen Welt identisch sein wird, ganz einfach weil wir nicht identisch mit dem anderen sind. Wir versuchen, das „emotionale Erzählen" des anderen nachzuvollziehen, indem wir seine Körpersprache, Mimik und Gestik genau beobachten. Der Vorteil des Mitfühlens ist, dass wir auf diese Art die Stimmung des Gegenübers erfassen und verstehen. Zum Nachteil wird diese Fähigkeit, wenn es nicht gelingt, sich von den Emotionen des anderen abzugrenzen. Allzu oft kommt es vor, dass aus der Fähigkeit zum Mitgefühl die Gefahr einer permanenten *emotionalen Ansteckung* wird. Empathische Menschen geraten schneller als andere in den Strudel der Emotionalität ihrer Sozialpartner. Sie müssen daher lernen, sich stärker vom anderen abzugrenzen. Wer das gut kann, ist der Dalai Lama, buddhistischer Mönch und Oberhaupt der Tibeter. Er hat das Mitgefühl zur zentralen Botschaft seiner Lehre erklärt und lebt für uns alle das Mitgefühl authentisch vor. Gleichzeitig ist er weder betrübt noch lässt er sich von negativen Gefühlen anderer anstecken.

Die Lehren anderer und Gefühlsnormen

Oftmals bringen uns auch andere bei, wie wir uns zu fühlen haben. Nehmen wir eine ängstliche überbesorgte Mutter, die auf fremde Menschen stets misstrauisch und ängstlich reagiert. Die Wahrscheinlichkeit, dass deren Kind diese Emotion genau beobachtet, ist hoch. Ebenso hoch ist die Wahrscheinlichkeit, dass das Kind diese Emotion übernehmen wird, weil sich Kinder bis zu einem gewissen Alter stark mit ihren Eltern identifizieren. Also ist das ängstliche Lebensgefühl, welches das Kind entwickelt und später vielleicht sogar als Erwachsener mit

„sich trägt“, nicht das eigene, sondern das „der Lehre eines anderen“. Auch im Arbeitskontext unter Erwachsenen ist dieses Phänomen nicht selten zu beobachten. Mitarbeiter definieren eine Situation oft genau so, wie der Chef sie lehrt. Wenn ein besonders charismatischer Chef etwa die Losung ausgibt: „Wir alle sind von der Konkurrenz bedroht“, und er eine entsprechend kämpferische Körperhaltung und Mimik zeigt, ist die Wahrscheinlichkeit, dass die Mitarbeiter diese Perspektive übernehmen werden, relativ hoch; oftmals trotz ursprünglich anderer Einschätzungen oder wider besseres Wissen.

Beobachten Sie in Ihrer nächsten Besprechung, wie sich die Mitarbeiter während Ihrer Rede emotional verhalten. Vergleichen Sie deren Verhalten mit dem Ihren. Vielleicht werden Sie feststellen, dass sich Ihre Mitarbeiter ähnlich verhalten wie Sie, unbewusst sogar Ihre Wortwahl bzw. Ihre Körperhaltung imitieren.

Man spricht in diesem Zusammenhang auch von Gefühlsnormen, die von einzelnen Personen, aber auch von einer gesamten Unternehmenskultur vorgelebt bzw. vorgegeben werden können. Gefühlsnormen sind eine Art Skript oder moralische Haltung und sie gehören deshalb zu den mächtigsten Mitteln, die unseren Handlungen eine bestimmte Richtung geben (vgl. Hochschild, 2006, S. 73). Gefühlsnormen sind Sollvorschriften. Sie werden teilweise klar benannt, verfehlen aber auch unausgesprochen ihre Wirkung nicht.

Beispiele für Gefühlsnormen/Sollvorschriften:
„Bei uns wird so gut wie niemand krank.“

„Freude und gute Laune sind in unserem Unternehmen Bestandteil des täglichen Tuns."
„Wenn der Kunde schlechte Laune hat, denken wir einfach, er wäre ein ungezogenes Kind, das man mit Nachsicht behandeln muss."
„Bist du nicht überrascht gewesen, dass man Markus gekündigt hat?"
„Haben Sie sich nicht gefreut, als Sie hörten, dass der Kollege befördert wurde?"
„War das jetzt nicht ein tolles Gespräch, das wir geführt haben?"

Normverletzungen und soziale Kontexte

Wir sind soziale Wesen und haben gelernt, uns an bestimmte Regeln des Zusammenlebens zu halten. Diese nehmen wir oft als selbstverständlich und universell gültig hin. Daher passiert es sehr oft, dass wir emotional reagieren, weil wir eine Norm, die wir für wichtig und richtig halten, durch andere verletzt sehen. Im beruflichen wie privaten Alltag lernen wir Normverletzungen unter anderem über die Art und Weise kennen, in der andere Menschen auf unser Handeln bzw. die uns unterstellten Gefühle reagieren. Wir reagieren dann mit Ekel, Verachtung, Ärger und Angst, aber vielleicht sogar auch mit Freude (z. B. beim Kabarett), je nachdem, in welchem sozialen Zusammenhang die Normverletzung geschieht. Denken Sie an das Essen mit Händen. In Mitteleuropa ist diese Form der Nahrungszufuhr normalerweise verpönt und ruft bei vielen Ekelgefühle hervor. Oft passiert es aber, dass solche Emotionen in den Hintergrund rücken oder sogar ganz verschwinden, wenn sich die kulturellen Rahmenbedingungen ändern. So manche, die in ein Land gereist sind, in dem das Essen mit Händen etwas ganz Normales ist, konnten plötzlich ihren Ekel überwinden und sogar selbst mit den Händen essen, weil das Gefühl der Neugier auf die fremde Kultur überwog.

Aufsetzen eines Gefühlsausdrucks

Der Emotionsforscher Paul Ekman berichtet in seinem Buch „Gefühle lesen", wie er im Selbstversuch mit einem Kollegen systematisch unterschiedliche Kombinationen von Muskelbewegungen im Gesicht ausprobierte. Die frappierende Erfahrung, die beide machten, war, dass sie bei diesen „pantomimischen Übungen" etwa 10.000 verschiedene Kombinationen von Gesichtsbewegungen bzw. Gesichtsausdrücken hinbekamen. Dabei wurden sie teilweise von heftigen emotionalen Empfindungen durchflutet. Ekman stellte auf diese Art fest, dass „schon das Aufsetzen eines bestimmten Gesichtsausdrucks Veränderungen im vegetativen Nervensystem eines Menschen produzieren kann". Die Theorie, dass Gefühle von innen nach außen entstehen, ist somit erweitert worden. Wir können uns selbst nicht nur von Innen, also durch Gedanken emotional steuern, sondern wahrscheinlich in hohem Maße auch durch äußeres Tun. Wir können unsere Emotionen managen, indem wir so tun, als ob … Tun Sie also eine Zeit lang so, als ob Sie lustig wären, dann sind Sie es nach einer gewissen Zeit auch. Ein Lächeln löst im Gehirn eine ganze Reihe physiologischer Veränderungen aus, die mit Freude verknüpft sind. Es gibt andere Erfahrungen, die Ähnliches zeigen. Zum Beispiel reagieren schwerkranke Menschen, die durch einen Clown oder durch lustige Filme zum Lachen gebracht werden, oft mit deutlichen Gesundheitsfortschritten. In der Psychotherapie gibt es die Erfahrung, dass Humor besonders wirkungsvoll ist bei Menschen, die vorgeben, eigentlich nichts zu lachen zu haben.

2.3 Was sind Emotionen?

Ein Grund, weshalb das Thema Emotionen besonders bei uns westlichen Menschen eine so polarisierende Wirkung erzeugt, liegt möglicherweise darin, dass wir nicht in ausreichendem Maße lernen, unsere Gefühle genauso wie das Denken als ganz normale menschliche Bedingung zu betrachten. Im objektivistisch-rationalistischen Weltbild erklären wir das Gefühl meist als störend und nutzlos. Die dem Objektivitätsmythos verpflichtete Managementrhetorik ziert sich entsprechend, ein neues und positives Verständnis des emotionalen Faktors im Unternehmen einzuleiten. Im Dreiklang gelten Machbarkeit, Hyperrationalität und ein „heroisches" Arbeitsverständnis der Belegschaft weiterhin als Standardrezept für wirtschaftlichen Erfolg. Allerdings geben immer mehr Führungskräfte inzwischen selbstkritisch zu bedenken, im Führungsalltag bisweilen an den Grenzen dieser so verstandenen Rationalität zu stranden: „Solange ich die Menschen zu deren Tun anleitete funktionierte alles auch so, wie es meiner Rationalität entsprach. Sobald ich mich abwandte, musste ich erkennen, dass dies wieder verfiel" (vgl. Wüthrich, Osmetz, Kaduk, 2006, S. 91).

In unserer Lebenserfahrung sind Gefühle und das leibliche Befinden die Faktoren, die merklich dafür sorgen, dass irgendetwas uns angeht und nahegeht. Denken wir sie weg, so wäre alles in gleichmäßige, neutrale Objektivität abgerückt. (Hastedt, 2005)

Bild 6: Alltagserleben: Denken, Fühlen, Handeln

Im Gegenentwurf – dem subjektivistisch-romantischen Weltbild –, dem andererseits viele Modernitätskritiker anhängen, erlebt man nicht selten, dass das Emotionale zu *dem* Kriterium der Weltaneignung schlechthin verklärt wird. Eine Art populärer Gefühlsesoterik will den Menschen suggerieren, dass rationales Denken dem Lebensalltag abträglich wäre, man nur seinen „Bauchgefühlen" bzw. dem „gesunden Menschenverstand" folgen müsse und alles würde gut. Diese antiaufklärerischen Tendenzen machen auch vor modernen Managementratgebern nicht halt.

Eine pragmatische Wende bezüglich unserer Vorstellungen zu Rationalität und Emotionalität wäre alltagspraktisch angezeigt. Auch der Wunsch vieler Mitarbeiter, ihre „Work-Life-Balance" zurückzugewinnen, zeigt, dass die Antinomie zwischen Rationalität und Emotionalität unzeitgemäß ist. Wenn wir ganzheitlich gesund sein wollen, müssen wir Denken, Fühlen und Handeln gerade im Berufsalltag wieder zusammenbringen. Unser leibliches und in-

tellektuelles Befinden entscheidet über unseren Lebenserfolg. Entsprechend fällt auch das Plädoyer einiger Philosophen aus, die Zweiteilung „Körper und Geist" gleich ganz aufzugeben (Rorty, 2003; Searle, 2006).
Zusammenfassend können Emotionen wie folgt definiert werden:

- *Reaktion*
  Sie sind als Reaktionen auf ein konkretes Ereignis, welches kognitiv bewertet wird, zu verstehen.
- *Physiologie*
  Sie sind begleitet von physiologischen Reaktionen.
- *Handlungsweisend*
  Sie sind handlungsweisend indem sie unsere Entscheidungen beeinflussen.
- *Kommunizierend*
  Sie werden durch Worte und Körpersprache kommuniziert.
- *Umfeldprägend*
  Sie prägen unser soziales Umfeld.

Nehmen wir an, Sie bekommen von Ihrem Kollegen eine Einladung zu einem Gespräch in der Kantine (Ereignis). Zunächst werden Sie versuchen, das Ereignis einzuordnen. Sie werden sich möglicherweise sagen, dass dieser Schritt sehr nett sei, oder aber auch, dass Ihr Kollege sicherlich etwas Unangenehmes ansprechen will (Reaktion auf ein Ereignis). Sie spüren dann vielleicht ein Gefühl von Vorfreude in Ihrem Körper oder aber ein mulmiges Gefühl im Magen, eventuell begleitet von einer leicht erhöhten Pulsfrequenz (physiologische Reaktion). Sie werden sich nun, je nachdem, wie Sie die Situation einschätzen, gedanklich auf das Gespräch vorbereiten. Entweder sagen

Sie sich: „Prima, endlich lerne ich diesen Kollegen näher kennen.“ Oder: „O Gott, der will mir bestimmt irgendetwas Unangenehmes mitteilen“ (handlungsweisend). Je nachdem, wie Sie die Situation interpretieren, werden Sie nun eine entsprechende Körpersprache, Mimik oder Gestik entwickeln, die von anderen auch gesehen wird (kommuniziert). Ihre Kollegen, denen Sie nun begegnen, werden nonverbal oder verbal, bewusst oder unbewusst auf Ihre veränderte Gemütsverfassung reagieren (Prägung des sozialen Umfeldes).

Zusammenfassend kann man sagen, dass Emotionen in der Interaktion mit der Umwelt entstehen und der Anpassung an Situationen dienen. Sie sind ein wesentlicher Teil des menschlichen Erlebens.

2.4 Wie wir uns emotional erleben

Erlebt jeder Mensch sich uns seine Emotionen gleich? Die Antwort lautet nein. Das subjektiv bewusste Erleben von Emotionen ist sehr verschieden ausgeprägt. Es gibt Menschen, die ihre Emotionen sehr gut wahrnehmen und benennen können, und solche, die das weniger gelernt haben. Studien zufolge sagt man Frauen gegenüber Männern hier einen gewissen Vorteil nach, weil sie anders sozialisiert sind als Männer. Frauen verfügen in der Regel leichter über ein breiteres Repertoire an „Empfindungssprache“ und es fällt ihnen leichter, Gefühle auszudrücken. Während viele Männer – gerade wenn sie einen technischen oder betriebswirtschaftlichen Beruf nachgehen – versuchen, ihre Gefühle zu verbergen. Fühlen gilt bei vielen Männern auch heute noch als Zeichen der Schwäche. Allerdings bedeutet dies nicht, dass Männer emotionslos sind. Im Gegenteil: aus Forschungen weiß man, dass Männer oft regelrecht von ihren Gefühlen überflutet werden. Aus Angst allerdings hier als „hilflos" definiert zu werden, flüchten sie sich lieber in die Wortlosigkeit. Dieser bisweilen wie eine „Sprechlähmung" anmutende Zustand wird dann von Frauen missverständlich als „emotionslos" bezeichnet.

Reifegrade der Emotionalität

Prinzipiell lassen sich die Stadien

- affektiv-impulsives Stadium,
- repressives Stadium und
- reflexives Stadium

des Emotionserlebens bei Frauen und Männern gleichermaßen beobachten. Man kann auch sagen, es gibt verschiedene Reifegrade des emotionalen Erlebens. Sehen Sie selbst, wo Sie sich einordnen würden.

Affektiv-impulsives Stadium

Im affektiv-impulsiven Stadium ist die Emotion, die einen gerade bewegt, kaum bewusst. Menschen, die im affektiv-impulsiven Stadium ihres Emotionserlebens sind, reagieren meistens sehr impulsiv. Sie reagieren sozusagen ohne Zeitverzögerung auf Ereignisse und drücken ihre Emotionen spontan aus. Der Mensch ist quasi auf Autopilot eingestellt. Menschen im affektiv-impulsiven Stadium setzen oft das Objekt der Emotion, d. h. den Auslöser mit der Emotion selbst gleich. Sie merken nicht, dass sie sich ihre Gefühle auch selbst machen. Dies hat oft unangenehme Konsequenzen für die Umwelt, denn Menschen in diesem Stadium projizieren ihre negativen Gefühle auf andere Menschen und machen sie dafür verantwortlich. Man empfindet solche Zeitgenossen häufig als sehr anstrengend. „Der oder die hat 'ne kurze Zündschnur“, sagt man umgangssprachlich.

Repressives Stadium

Im repressiven Stadium rückt die Emotion, die einen gerade bewegt, in die bewusste Wahrnehmung. Menschen in diesem Stadium merken, dass sie gerade etwas fühlen. Gefühlsausdruck und Gefühlserleben können als voneinander getrennt auftretende Einheiten wahrgenommen werden. Menschen im repressiven Stadium beherrschen zwar nicht das Auftreten der Emotion, allerdings können sie die spontane Reaktion, d. h. den Gefühlsausdruck unterdrücken. Umgangssprachlich würde man sagen, man hat sich einigermaßen im Griff.

Reflexives Stadium

Menschen im reflexiven Stadium können ihre Emotionen bewusst wahrnehmen, kontrollieren und steuern. Gefühlsäußerungen fallen moderat und situationsangemessen aus. Zwischen dem Auftreten, Erleben und Ausdruck des Gefühls kann klar unterschieden werden. Menschen im reflexiven Stadium versuchen, sich auch schon im Vorfeld eines emotionalen Ereignisses zu präparieren, indem Sie sich selbst beruhigen oder aufmuntern, d. h. einen lebhaften inneren Dialog mit sich pflegen. Gefühle werden in ihrem Bedeutungsgehalt reflektiert und analysiert. Hier erfolgt eine bewusste Formung der eigenen Emotionalität.

Unterschiedliches Beschreiben, Erklären und Bewerten

Eine weitere Möglichkeit unser emotionales Erleben zu differenzieren ist die, zwischen den Ebenen

- Beschreiben
- Erklären und
- Bewerten

zu unterscheiden.

Beschreiben

Wenn wir etwas beschreiben, sind wir in der Lage, Daten und Fakten zu erkennen bzw. Unterscheidungen und Bezeichnungen hervorzubringen. Stellen Sie sich eine mediterrane Landschaft vor. Wenn Sie von einem erhöhten Punkt in die Weite blicken, erkennen Sie vielleicht Berge, die sich vom blauen Himmel abheben. Sie können möglicherweise auch ein paar Häuser erkennen, die sich wiederum durch weiße Farbe von den Bergen kontrastreich absetzen. Und ganz weit hinten sehen Sie vielleicht das blaue Meer. Was wir hier vorfinden ist eine faktische bzw. sprachliche Beschreibung dessen, was für Sie im Moment der Betrachtung sichtbar ist. Man kann diese Faktizität noch erweitern, indem Sie vielleicht im Augenblick des Gewahrseins der Landschaft auch ein leises Pfeifen des Windes ausmachen, einen Esel rufen oder eine Kirchglocke läuten hören.

Erklären

Man könnte diese Beschreibung noch endlos erweitern. Aber vielleicht ist Ihnen bereits aufgefallen, dass die nüchterne Beschreibungsebene meistens nicht für sich alleine stehen bleibt. Wir neigen dazu, dass wir zu unseren Wahrnehmungen bzw. Beobachtungen auch Erklärungen hinzufügen. Wir wollen meist wissen „...wie das Unterschiedene und Bezeichnete auseinander hervorgeht, entsteht oder verursacht wird, wie also die hergestellte Grenze zwischen Unterschiedenem und Bezeichnetem überschritten werden kann" (Retzer). Wir entwickeln daher sozusagen eine Theorie bzw. eine Fantasie oder Interpretation zu dem, was wir beschreiben oder wahrnehmen können. Wir wollen wissen, wie die Dinge miteinander zusammenhängen. In unserem Beispiel haben Sie sich vielleicht gedacht, dass eine so beschriebene Landschaft nur eine griechische sein kann, denn so klar und konturiert ist eine Landschaft nur in Griechenland. Oder die Landschaft hat Sie an Italien erinnert oder vielleicht auch an Madagaskar? Je nach dem über welche Erklärungsmuster wir verfügen, werden wir die Landschaft entsprechend kategorisieren.

Bewerten

Unser Erleben besteht auch aus Bewertungen dessen, was wir sehen, wahrnehmen und auch erklären können. Durch Bewertungen wissen wir, was wir von all dem, was uns umgibt, halten sollen. Während das Erklären tendenziell intellektuell verankert ist, ist Bewerten emotional. Der Sprachwissenschaftler Osgood bezeichnet in seiner sprachanalytischen Theorie des semantischen Raumes Affekte als Bewertungen von Beschreibungen und Erklärungen, entlang der Dimensionen „stark-schwach", „gut-böse", und „aktiv-passiv" (Bild 7).

In den Bewertungen einer Sache, Situation oder anderer Menschen sind wir meistens sehr individuell,

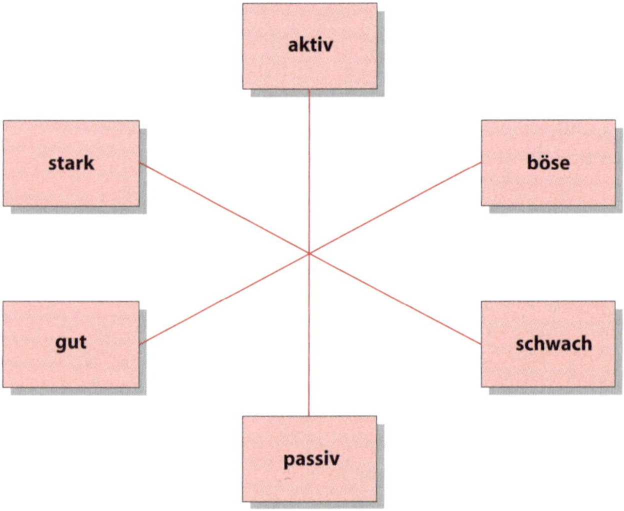

Bild 7: Der semantische Raum der Affekte

oft sogar noch individueller als auf den anderen beiden Ebenen. Ob wir jemanden oder etwas als „gut oder böse“, als „aktiv oder passiv“ als „stark oder schwach“ empfinden, hängt von unseren Erfahrungen, individuellen und biographischen Ausprägungen ab. So kommt es, dass wir durch die „emotionalen Einfärbungen“, sprich Bewertungen, zu unterschiedlichen Einschätzungen derselben Situation kommen. Während manche vielleicht während des vorherigen Lesens der Landschaftsbeschreibung romantische Urlaubsgefühle entwickelten, dachten andere womöglich an die Angina, die sie sich im Urlaub in Italien durch den Wind zugezogen hatten, oder an die

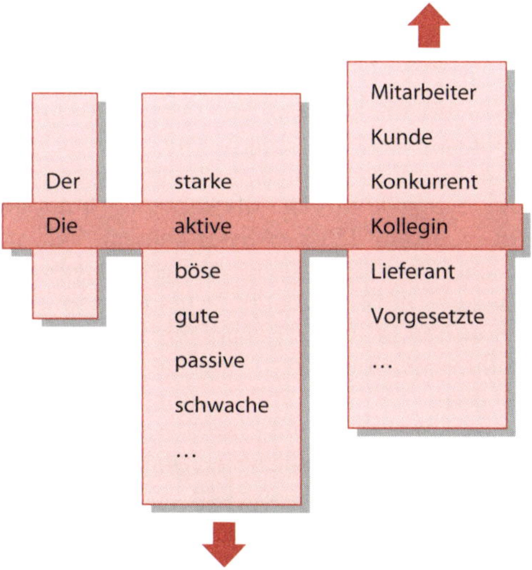

Bild 8: Beim Unterscheiden stellen wir stets Einheiten her (nach Simon)

Autopanne, die in einer so einsamen Landschaft einst passiert war. Wir neigen mittels unserer Differenzierungsmerkmale dazu, Einheiten herzustellen, oder umgangssprachlicher „gut vorstellbare Pakete" zu schnüren, vor allem auch im Umgang mit unseren Sozialpartnern, wie Bild 8 zeigt.

Emotionale Bewertungen lassen die soziale Welt einfacher erscheinen, auch wenn sie dadurch nicht wirklich einfach wird. Aber wenn wir unsere Mitmenschen entsprechend etikettieren, kann uns dies vor überfordernden komplexen Überlegungen schützen.

2.5 Wie sich Emotionen von anderen Gefühlen unterscheiden

Wissenschaftler, Schriftsteller oder Philosophen – viele haben sich bislang den Kopf darüber zerbrochen, dem unerschöpflichen Phänomen „Emotion" auf die Spur zu kommen. Alle Versuche, Emotionen, die eher einem Fließgewässer, einem lodernden Feuer oder Windböen als einem festen Gegenstand gleichen, zu ordnen und zu benennen, sind mehr oder weniger je nach Geschmack und Ordnungsvorstellung der jeweiligen Autoren unterschiedlich ausgefallen.

Derzeit wird der Emotionsdiskurs stark von naturwissenschaftlich inspirierten Denkern bestimmt. Deren Abhandlungen erwecken allerdings oft den Eindruck, als wären Emotionen nicht mehr als neuronal gesteuerte Prozesse, die mithilfe bildgebender Verfahren abbildbar und daher gleichzeitig hinreichend erklärbar sind. Der Mensch erscheint aufgrund der komplexen Zusammenhänge neuronaler, biochemischer und evolutionärer Prozesse nicht oder nur sehr bedingt als kompetent, seine Emotionen authentisch zu benennen, geschweige denn, deren Ursachen oder Auslöser anzugeben (vgl. z. B. Ryle, 1969; LeDoux, 1998).

Dieser Zweifel am Selbstwahrnehmungscharakter der Emotionen hat seine Berechtigung, denn in der Tat stößt unsere Sprache an Grenzen, wenn wir beschreiben sollen, was wir fühlen. Der Akt des Sprechens – das Sprachspiel – über Emotionen setzt die Selbstdistanzierung voraus. Im Moment der Distanzierung stellt sich allerdings bereits eine Veränderung unserer Befindlichkeit ein, sodass man dann nicht mehr unmittelbar (Gefühle erster Ordnung), sondern höchstens mittelbar über sein Gefühlsleben (Gefühle zweiter Ordnung) Auskunft gibt.

Die Unmöglichkeit, unmittelbar auftretende Gefühlszustände (Gefühle erster Ordnung) sprachlich auszudrücken, hat ganze Heerscharen von Poeten motiviert, es dennoch zu versuchen. Poesie ist so gesehen ein lustvoller Versuch, mit Emphase das Unbeschreibbare zu beschreiben. Aber gerade deswegen kann die Tatsache, dass wir im Leben handeln, denken *und fühlen,* nicht ernsthaft bestritten werden. Wir erfahren uns in unseren Emotionen sehr real. Unsere Gefühle und Regungen teilen uns Sichtweisen, Einschätzungen und auch „objektive" Lebenslagen mit. Denken Sie nur an Robinson Crusoe auf seiner einsamen Insel. Wie er wahrscheinlich fühlte, lässt sich gut nachvollziehen. Der Phänomenologe Herman Schmitz vertritt dementsprechend die Auffassung, dass Gefühle das Wichtigste im Leben sind „… weil sie die Wucht und Zartheit, den Glanz und das Trübe in die Welt bringen, von wo her den Menschen überhaupt etwas wichtig ist" (Schmitz, 1969).

Wie können nun alltagspraktisch Emotionen von anderen Gefühlen unterschieden werden? In der einschlägigen vorwiegend angelsächsischen Literatur ist der Begriff „Emotion" inzwischen dominant. Mögliche alternative Begriffe wie „Affekt" oder „Leidenschaft" sind als Unterbegriffe für überwältigende Formen emotionaler Erregung reserviert. Herman Schmitz spricht hier vom „affektiven Betroffensein". Emotion stammt als Begriff ursprünglich vom französischen Wort „émotion" bzw. „émouvoir (bewegen, erregen) ab, das wiederum das lateinische „movere" (bewegen) enthält, sodass „Emotion" ebenfalls ein

„Bewegt-werden-durch-etwas“ andeutet. Emotionen unterscheiden sich von anderen Gefühlen dadurch, dass sie intentional sind bzw. sich auf etwas Konkretes beziehen (vgl. Voss, 2004).

Wir können Gefühle von Emotionen unterscheiden, indem wir Gefühle als Überbegriff für sämtliche affektiven Phänomene verstehen. Zu den Gefühlen zählen neben Emotionen auch Stimmungen und Launen, Einstellungen wie Sympathie, Antipathie, Vertrauen und Misstrauen sowie lokalisierbare und diffuse Empfindungen (Temperaturwechsel, Druck, Hunger, Müdigkeit etc.) und auch Intuitionen. Im Unterschied zu den Emotionen, während derer wir stets mit etwas Konkretem konfrontiert sind (Angst vor dem Gespräch mit dem Chef, Trauer über einen Todesfall, Freude, weil einer einen gelungenen Witz erzählt, Überraschung, weil uns ein Bekannter spontan auf die Schulter klopft, Ekel, weil wir verdorbenes Essen sehen, etc.), werden Stimmungen wie Ängstlichkeit, Melancholie, Heiterkeit als nicht intentional – oder intentional diffus – charakterisiert, weil sie sich auf nichts Bestimmtes bzw. auf das eher Allgemeine, die Welt oder das Leben, beziehen.

Bild 9 zeigt, wie sich Gefühle unterteilen lassen. Mit Ausnahme der Intuitionen ist all diesen Gefühlen gemeinsam, dass sie als positiv oder negativ und expressiv empfunden werden.

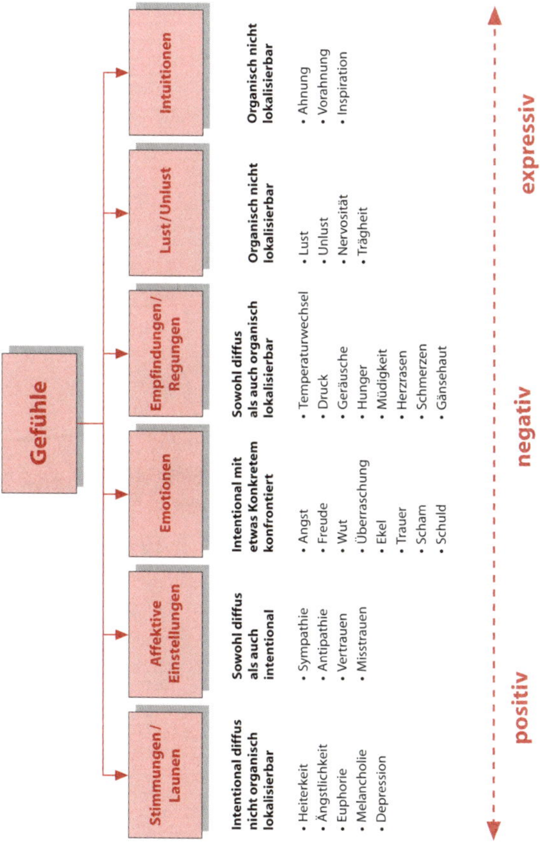

Bild 9: Emotionen sind ein Teil unserer Gefühlswelt und zeichnen sich dadurch aus, dass sie sich auf etwas Konkretes beziehen

3 Grundemotionen: Wie wir sie erkennen und wie wir mit ihnen umgehen

Wie ist es nun möglich, sensibler und aufmerksamer im Umgang mit Emotionen zu werden? Wie können wir mit unseren Emotionen und denen anderer besser umgehen? Dies ist die Frage, die viele Menschen bewegt. Die Antwort ist relativ einfach. Sie lautet: Indem wir uns und die anderen genauer beobachten, wir genauer über die wesentlichen Grundemotionen Bescheid wissen und über entsprechende Handlungsstrategien verfügen. Nachfolgend werden die Funktion, Dynamik und die Merkmale der wichtigsten Grundemotionen dargestellt.

3.1 Angst, Furcht und Panik

Angst ist eine wichtige Grundemotion. Auch wenn wir Angst als Gefühl möglichst meiden wollen, ist sie aus unserem Leben nicht wegzudenken. Angst ist evolutionär entstanden und dient uns Menschen und allen anderen Wirbeltieren zum Überleben. Die sogenannte Realangst warnt uns rechtzeitig, dass eine konkrete Gefahr auf uns zukommt oder zukommen könnte. Wir haben einen mehr oder weniger faktischen Anlass beispielsweise Geräusche, die auf einen Einbrecher hindeuten, oder ein Kollege, der Sie körperlich angreift. Bei der Existenzangst hingegen geht es meistens um ein diffuses, rein subjektives Gefühl der Bedrohung, obwohl eigentlich kein konkret fassbarer Anlass besteht. Menschen mit Existenzängsten malen sich nicht selten regelrechte Katastrophenszenarien, die eintreten könnten, aus. Das Leben prinzipiell wird als allgemein riskante Veranstaltung angesehen. Die Existenzangst gibt es übrigens nur beim Menschen und nicht bei Tieren, sodass der Philosoph Søren Kierkegaard zu dem Schluss kam, dass sie aus dem „Schwindel der Freiheit" heraus resultiert.

Als Kommunikationspartner kann es sehr wichtig sein, Angst beim anderen zu erkennen. Wenn wir wissen, dass jemand vor etwas Angst hat, können wir ihm sicherer begegnen. Es passiert allerdings immer wieder, dass Menschen Angst bei ihrem Gegenüber nicht erkennen und deshalb situationsunangemessen reagieren. Dies liegt unter anderem daran, dass Menschen sehr oft versuchen, ihre Ängste zu verbergen. Wer Angst hat und sie zeigt, gilt eher als schwach.

Es kommt auch vor, dass Menschen auf Angst aggressiv reagieren. Angst drückt den Ängstlichen nieder und der Ängstliche macht sich klein. Dadurch kommt der Nichtängstliche in den „Genuss" eines höheren Status, er kann sich groß und überlegen fühlen. Besonders selbstunsichere Menschen entwickeln bei ängstlichen Menschen schnell Aggressionen, denn ein ängstlicher Interaktionspartner verstärkt die eigene Unsicherheit. Das Phänomen Mobbing am Arbeitsplatz ist ein typisches Angstphänomen. Menschen, die zu Mobbingopfern gemacht werden, zeigen häufig schon im Vorfeld eine eher unterwürfige Körper- und Gesichtssprache und motivieren damit Kollegen zu Dominanzverhalten.

Angst und Weisheit
„Unsere größte Angst als einen Zwischenfall ohne Bedeutung ansehen, nicht nur im Leben des Weltalls, sondern in unserer eigenen Seele, das ist der Anfang der Weisheit. Sie mitten in der Angst so anzusehen ist die vollkommene Weisheit ..."

(Fernando Pessoa, Das Buch der Unruhe des Hilfsbuchhalters Bernardo Soares)

Woran man Angst erkennt

Angst erkennen Sie bei Ihrem Gegenüber an folgenden mimischen Verhaltensweisen (Bild 10):

- Die Augen sind weit geöffnet.
- Die Lider sind hochgezogen, wobei das Unterlid angespannt ist.
- Die Lippen sind meistens horizontal verzerrt.
- Manchmal beißt man sich auch auf die Lippen oder mahlt mit den Zähnen.

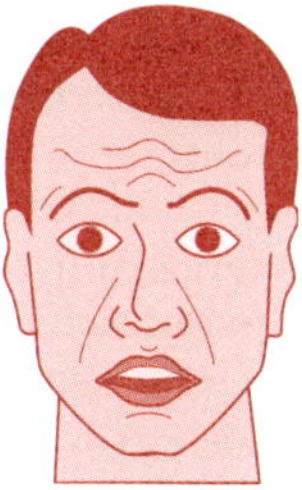

Bild 10: Angst hat einen typischen Ausdruck

Wie man mit Angst umgeht

Wie können wir mit der eigenen und der Angst anderer umgehen? Bei der Beantwortung dieser Frage ist wichtig, zu erkennen, dass Angst eine positive Funktion hat. Angst sorgt bei Ihnen und Ihren Sozialpartnern prinzipiell fürs Überleben. Dabei ist es nicht so wichtig, ob es sich um reale oder sogenannte eingebildete Ängste handelt. Reale und eingebildete Ängste haben in der Regel dieselbe Wirkung.

Ängstliche Menschen vergeuden viel Energie, indem sie die angstauslösenden Momente vermeiden oder versuchen, entsprechende Symptome zu unterdrücken. Nehmen wir einen Mitarbeiter, der an „Autoritätsangst" leidet. Er wird versuchen, allen Menschen aus dem Weg zu gehen, die seiner Meinung nach Autorität ausstrahlen. Er vermeidet das Gespräch mit Vorgesetzten, wo und wann immer es geht. Er wird auch in seinem Privatumfeld möglicherweise Menschen meiden, die über ein gewisses Charisma verfügen. Damit ist er in seinen Möglichkeiten, anderen unbefangen und offen zu begegnen, eingeschränkt.

Solche sozialen Ängste sind in Unternehmen weit verbreitet, aber nur selten eindeutig erkennbar. Für ihre Angst schämen sich viele Mitarbeiter und auch Führungskräfte und versuchen sie mit aller Macht, zu kaschieren. Dies führt dann dazu, dass sich eine Angst vor der Angst einstellt. Viktor Frankl, Nervenarzt und Begründer der Logotherapie, hat für diesen Fall Methoden der paradoxen Intervention entwickelt. Bei paradoxen Interventionen in Beratung, Coaching oder Therapie versucht man, die „Problemlogik" des Klienten durch ungewöhnliche Denk- oder Verhaltensangebote des Beraters zu irritieren. Die

Logik des Klienten wird sozusagen benutzt und absichtlich auf den Kopf gestellt.

Nach Frankl ist es wichtig, mit den eigenen Ängsten offen umzugehen, indem wir diese spielerisch offenbaren anstatt sie zu verstecken. Die Paradoxie besteht darin, dass wir durch das offene Aussprechen oder Zeigen unserer Ängste unser Gehirn quasi austricksen, weil dieses ja eigentlich meldet: „Gib ja nichts preis oder zu!" Durch das neue Selbstbewusstsein, das dadurch entsteht, lernen wir, Herr der Angst zu werden und können sie vielleicht ganz zum Verschwinden bringen. Die folgenden Übungen kann man daher auch als „Offenbarungsübungen" bezeichnen.

Übungen bei sozialen Ängsten

Händezittern: Zittern Sie absichtlich so lange mit den Händen, während Sie ein Glas oder eine Tasse halten bzw. etwas unterschreiben, bis es jemand merkt, oder sprechen Sie Ihr Symptom auf humorige Weise an (z. B. „Ich übe gerade, wie es wäre, bei minus 60 Grad im Gefrierhaus zu stehen").

Erröten: Versuchen Sie, möglichst rot zu werden, und achten Sie darauf, ob es jemand bemerkt, oder sprechen Sie den Sachverhalt selbst an (z. B. „Sie merken, ich werde gerade rot wie eine Tomate" oder „Wenn mir jemand sympathisch ist, neige ich zur Röte").

Schwitzen: Wischen Sie sich demonstrativ mit der Hand über die Stirn, um den tatsächlichen oder vorgegebenen Schweiß wegzuwischen, und machen Sie eine Bemerkung dazu (z. B. „Mit Ihnen kommt man ja richtig ins Schwitzen").

Ohnmachtsangst: Lassen Sie sich demonstrativ auf den Sessel fallen, sagen Sie, dass es Ihnen nicht gut gehe, weil

Sie Übelkeit, Schwindel oder Kreislaufprobleme hätten, geben Sie aber gleichzeitig zu verstehen, dass Sie keinen Arzt benötigen.

Atemnot: Fragen Sie die Anwesenden im Raum, ob Sie kurz das Fenster oder die Tür aufmachen können, weil Sie im Moment etwas unter der dicken Luft leiden.

Stottern: Verhalten Sie sich nervös und stottern Sie beim Reden ein wenig.

Klagen: Klagen Sie vor anderen laut über verschiedene Beschwerden, die Sie im Moment plagen.

Mit ängstlichen Menschen oder der Angst der anderen umgehen

Den Umgang mit der Angst anderer empfinden viele Menschen als schwierig. Häufig passiert es auch im Alltag, dass sich vor die Angst die Aggression schiebt. Dann erkennen wir nicht, dass das eigentliche Motiv des anderen Angst ist und das aggressive Verhalten nur als „Make-up" der Angst dient. Gerade im Berufsleben können Sie davon ausgehen, dass mehr Kollegen, Vorgesetzte und Mitarbeiter mit „vollen Hosen" durch die Firma laufen, als Sie ahnen.

Folgende Verhaltensweisen haben sich bei Ängstlichen bewährt:

- Erkennen Sie die Angst, nehmen Sie sie wahr, indem Sie genau hinsehen. Fragen Sie sich besonders auch bei aggressiven Zeitgenossen, ob sie eventuell vor irgendetwas Angst haben könnten.
- Nehmen Sie den anderen in seiner Angst ernst, indem Sie ihm die Angst nicht vorschnell auszureden versuchen.
- Versuchen Sie im Alltag nicht, einen pseudopsychologischen Dialog über die Angst des anderen zu führen,

z. B.: „Du hast nur Angst, weil du ein Autoritätsproblem hast."

- Machen Sie dem anderen die Angst nicht zum Vorwurf, sondern versuchen Sie, behutsam hinter die Angst zu schauen und Motive für die Angst zu finden.
- Seien Sie geduldig: Vor allem existenzielle und neurotische Ängste lassen sich nicht von heute auf morgen verändern.
- Achten Sie auf eine angemessene Körpersprache. Verzichten Sie auf ausladende Dominanzgesten.

3.2 Trauer, Melancholie und Schwermut

Wir leben ganz offensichtlich im Zeitalter des Optimismus, in dem „Gut-drauf-Sein" zur ersten Bürgerpflicht gehört. „Think positive", schallt es uns auf den Buchdeckeln mehrstimmig entgegen, die Litfaßsäulen sind gespickt mit lächelnden und vor Elan strotzenden Menschen. In beinahe allen Unternehmen gehört es mittlerweile zum guten Ton, ab einer gewissen Hierarchiestufe mit der beschwingten Attitüde des lösungsorientierten und zielbewussten Machers aufzutreten. Viele Manager halten an diesem Bild fest – auch wenn die eigenen Gefühle dagegen sprechen. Starker Normendruck, vielfältig auftretende Dilemmata und ein ständig wiederkehrender Zwang zur Legitimation des eigenen Denkens und Handelns schränken den „emotionalen Spielraum" erheblich ein (Neuberger).

Unzeitgemäß scheint der zu sein, der sich dem Gefühl der Trauer, des Verlusts, der Melancholie, der Schwermut hingibt. Ein solcher wird bei seinen Kollegen schnell abgeschrieben. Vielleicht haben Sie es auch schon erlebt: Viele Menschen entwickeln bei allzu viel traurigen Gefühlen ihrer Sozialpartner einen regelrechten Fluchtreflex. Umgangssprachlich ist entsprechend abwertend die Rede vom „Trauerkloß" und von der „Heulsuse". Der Schriftsteller Maxim Gorki, selbst von Depressionen geplagt, hat den anhaltenden Zeitgeist wie folgt beschrieben: „Das Leiden ist die Schande der Welt und man muss es hassen, um es auszurotten."

Dabei haben Gefühle wie Trauer, Schwermut oder Melancholie eine wichtige Funktion. Sie helfen uns, belastende Ereignisse, Verluste und schmerzliche Erfahrungen zu verarbeiten. Das Auf und Ab des Lebens ist untrennbar mit Trauergefühlen verbunden. Das Gefühl von Trauer schützt uns sogar vor Depressionen. Die Depression ist oft die Folge des „Nichttrauern-Könnens". Sie ist ein Zustand des Nichttrauerns in einer Situation, wo trauern am Platze wäre (Volkart in Hell). Das Ärzte- und Psychiater-/Psychoanalytiker-Ehepaar Mitscherlich hat in diesem Zusammenhang auch von einer möglichen „Unfähigkeit zu trauern" gesprochen. Wenn ein Mensch z. B. seinen Lebenspartner durch Tod oder andere Umstände verloren hat und sich dies nicht eingesteht, verschließt er sich dem Prozess des aktiven Trauerns und der notwendigen Neuorientierung. Menschen, die nicht trauern können, entwickeln nach Ansicht von Experten schneller Depressionen als aktiv Trauernde.

Auch Unternehmen, die Veränderungen durchführen, erzielen langfristig mehr Motivation, wenn sie den Mitarbeitern bewusst Trauerphasen zugestehen. Vorgesetzte, die der Melancholie ihrer Mitarbeiter nicht gleich mit flotten Sprüchen entgegentreten, sondern nichtwertend zuhören, genießen in Krisenzeiten besonderen Respekt.

Woran man Trauer, Schwermut und Melancholie erkennt

Ist ein Mensch traurig, schwermütig oder melancholisch finden sich häufig eines oder mehrere der nachfolgenden Merkmale in seinem Gesicht (Bild 11):

- Aufwärtsneigung der Augenbraueninnenseiten.
- Vertikale Falte zwischen den Brauen.
- Angespanntes Stirnrunzeln, das auf die oberen Brauen drückt.
- Wenn Menschen ihre Traurigkeit verbergen wollen, erkennt man sie dennoch an den schräg gestellten Augenbrauen.
- Oft gibt es eine Anspannung in den Wangenknochen bei gleichzeitig nach unten gezogenen Mundwinkeln.
- Gesenkter Blick.
- Gerunzelte Haut am Kinn, manchmal bebt das Kinn auch (häufig kurz vor dem Weinen).
- Hufeisenfaltung auf Stirn und über Nasenwurzel.
- Hochgezogene Lider, mit angespanntem Unterlid.

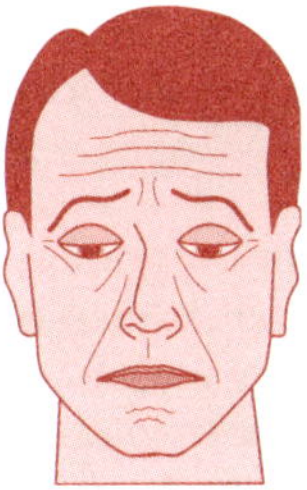

Bild 11: Trauer, Schwermut oder Melancholie sind im Mienenspiel erkennbar

„Saudade oder das Gute am Traurig-Sein

Die Portugiesen haben die **„Saudade"** als eigene Kulturform des Weltschmerzes etabliert. Das Konzept Saudade lässt sich mit Traurigkeit, Wehmut, Sehnsucht oder sanfte Melancholie annähernd übersetzen. Dazu gehört der **„Fado"**, ein melancholischer Musikstil. Das Wort leitet sich von fatum (= Schicksal) ab. Die Werke dieses Musikstils handeln meistens von unglücklicher Liebe, von sozialen Missständen, vergangenen Zeiten oder der Sehnsucht nach besseren Zeiten. Dem Traurig-Sein kann man also auch seine gute Seiten abgewinnen. Trauer und seelische Schmerzen macht uns vielleicht auch zu reifen Persönlichkeiten, wie folgende Zitate zeigen:

„Hinter jedem schönen Ding steckt irgendeine Art von Schmerz." (Bob Dylan)

„Am schmerzlichsten sind die Qualen, die man frei sich selbst erschuf." (Sophokles)

„Als ich meinen Schmerz auf den Acker der Geduld pflanzte, brachte er die Frucht des Glücks hervor." (Khalil Gibran)

„Lachen, Weinen, Lust und Schmerz sind Geschwisterkinder." (Johann Wolfgang Goethe)

„Neue Freunde, neue Schmerzen." (Wolfgang Amadeus Mozart)

„Um zu genesen, musst du viel Schmerzhaftes ertragen." (Ovid)

Wie man mit Trauer umgeht

Wenn Sie selbst unter Trauergefühlen oder melancholischen Zuständen neigen, ist es wichtig, dass Sie sich dieses Gefühl zugestehen. Vergessen Sie ruhig einmal Ihren vielleicht antrainierten Optimismus. Baden Sie beizeiten in Selbstmitleid. Selbstmitleid kann sehr erholsam sein. Beginnen Sie, mit sich selbst auf konstruktive Weise zu kommunizieren. Nehmen Sie sich Zeit für Fragen wie diese: Was geschieht gerade mit mir? Was schmerzt mich? Wo schmerzt es mich? Wie schmerzt es mich? Warum schmerzt es mich? Schon Romano Guardini plädierte für ein selbst initiiertes aktives Emotionsmanagement bei Trauer: „Die Trauer ist etwas zu Schmerzliches, und sie reicht zu tief in die Wurzeln unseres menschlichen Daseins hinab, als dass wir sie den Psychiatern überlassen dürften."

Darüber hinaus ist wichtig, dass sich die Betroffenen Zeit nehmen, Ihre Trauer zu verarbeiten. Bei Trauer geht es oft um Verluste aller Art. Bei wichtigen Traueranlässen lassen sich fünf Phasen voneinander unterscheiden:

- **Erste Phase: Verneinung**
  Die erste Phase ist gekennzeichnet durch das Nichtwahrhaben-Wollen.
- **Zweite Phase: Auflehnung**
  Die zweite Phase ist gekennzeichnet durch Zorn und Auflehnung gegen das deprimierende Ereignis.
- **Dritte Phase: Rationale Einsicht**
  Schließlich wird das, was geschehen ist, hingenommen und mehr oder weniger rational bestätigt.
- **Vierte Phase: Emotionale Akzeptanz**
  Von der rationalen Einsicht zur emotionalen Akzeptanz ist oft noch ein weiter Weg. Hier sollten sich die Betroffenen Zeit geben, das deprimierende Ereignis zu verarbeiten. Dazu helfen auch Gespräche mit vertrauten Personen oder professionellen Beratern.
- **Fünfte Phase: Erkenntnis und Integration**
  Es kommt zur Integration der Krise. Hier können

die Betroffenen vielleicht auch etwas Positives am bewältigten Schmerz und an der Trauererfahrung finden. Es hat ein Lernprozess stattgefunden.

Mit Trauer anderer Menschen oder mit Melancholikern umgehen

Trauer ist ein elementares Gefühl. Zur Traurigkeit, Melancholie und Schwermut gehört auch, dass sie Signale an die Umwelt sind. Derjenige, der trauert, sucht Aufmerksamkeit und Trost, ob ihm das bewusst ist oder nicht. Da Menschen soziale Wesen sind, sind wir nicht darauf geeicht, Trauer oder ähnliche Gefühle ganz allein mit uns selbst auszumachen. Die Zoologin Holzapfel hat herausgefunden, dass ebenso in der Tierwelt das Signal der Trauer vorkommt, Tiere in „Krisenzeiten" die Aufmerksamkeit anderer Tiere suchen. Auch Tiere versuchen, von einem „Individuum mit Heimcharakter" Trost zu bekommen.

In manchen Fällen suchen auch Mitarbeiter im Vorgesetzten eine „Person mit Heimcharakter".

Folgende Verhaltensweisen haben sich gegenüber melancholischen und trauernden Menschen bewährt:

- Bagatellisieren Sie nicht die Trauer Ihres Sozialpartners, sondern nehmen Sie sie ernst, indem Sie in erster Linie bei Gesprächen nichtwertend zuhören.
- Beachten Sie, dass der momentan traurige oder melancholische Zustand kein Dauerzustand, sondern eine Phase ist.
- Verzichten Sie auf Appelle und Aufforderungen zu mehr Optimismus.
- Appellieren Sie nicht zu früh an das Verantwortungsgefühl, ansonsten fühlt sich Ihr Partner nicht ernst genommen.

- Versuchen Sie, die Selbststeuerungspotenziale des Gegenübers zu fördern, indem Sie systemische Fragen stellen. (Beispiele siehe S. 105)
- Bestrafen Sie nicht jemanden, der trauert oder traurig ist, mit besonders anspruchsvollen Projekten.
- Geben Sie eine klare Aufgabenstellung und bemühen Sie sich um einen möglichst konkreten Rahmen.
- Seien Sie lieber ernsthaft als gespielt witzig und lustig, Verzichten Sie auf Sarkasmus oder Ironie um falschen Zeitpunkt.
- Finden Sie selbst ein gesundes Verhältnis zum Gefühl der Trauer.

3.3 Ärger, Wut und Aggression

Den Emotionenkomplex Ärger, Wut und Aggression kennzeichnet, dass er das Leben, die Geschichte, ja sogar die natürliche Evolution wesentlich determiniert und mitbestimmt hat. Denken Sie an die Kriege, die in den letzten 3.000 Jahren stattfanden, oder lesen Sie die täglichen Zeitungsberichte, die von Gewaltverbrechen zeugen. Schnell folgert man, dass Aggressionen, Wutausbrüche und Ärger die menschliche Spezies fundamental beschreiben oder sogar ausmachen. Der Gesellschafts- und Staatstheoretiker Thomas Hobbes schloss aus ähnlichen Gründen, dass wir Menschen eher grundsätzlich böse sind als gut. „Homo homini lupus", so Hobbes. Der Mensch ist des Menschen Wolf.

All die Grausamkeiten und Gemeinheiten, die sich Menschen antun, basieren in der Tat auf der menschlichen Aggressionsbereitschaft. Insofern hat Hobbes Recht, wenn er feststellt, dass wir einen Hang zum Bösen haben. Zorn, Ärger und Wut genießen einen schlechten Ruf in den meisten Religionen. In der katholischen Kirche gelten sie als Erbsünde. Die Buddhisten halten jede Form von Zornesausbruch schlecht, wenn nicht gar für schädlich.

Betrachtet man das Thema nicht nur hinsichtlich der negativen Auswirkungen, so kommt man zu einem differenzierteren Bild. Zorn, Wut und Ärgerreaktionen erreichen oft auch Positives. Sie sorgen dafür, dass andere erkennen, dass wir etwas nicht wollen oder verhindern bzw. nicht zulassen möchten. Sie zeigen auch persönliche Grenzen auf, die für den anderen häufig unsichtbar sind. Denken Sie an einen letzten Streit mit einem Kollegen oder Ihrem Lebenspartner. Danach ist jeder erst einmal wieder auf seiner „eigenen Insel“, zumindest in der Schmollphase. Zorn führt zu Abgrenzung vom anderen, erzeugt Abstand und soziale Distanz. Er sorgt im Grunde auch dafür, dass wir unsere Identität aufrechterhalten. Wer ist der andere, wer bin ich? Das wird im Zorn, zwar schmerzhaft, aber klar deutlich. Die Frage ist also nicht unbedingt, ob wir uns Zorn-, Wut- oder Ärgerreaktionen abtrainieren sollten, sondern wie wir mit unseren angeborenen Aggressionen lernen, umzugehen.

Denken Sie an einen Streit, den Sie in der letzten Zeit hatten. Fragen Sie sich, was durch diesen Streit vielleicht auch Positives erreicht worden ist. Nennen Sie drei positive Nebeneffekte.

In Unternehmen erregen Zorn, Wut und Ärger besondere Aufmerksamkeit. Wer schon einmal Zeuge des Wutausbruches eines Kollegen, eines Chefs oder Mitarbeiters war, weiß, dass solche Ereignisse oft wochenlang Tagesgespräch in der Kantine sind. Warum ist das so? Weshalb erregt ein emotionaler Ausbruch so viel Aufmerksamkeit? Vermutlich ist ein Grund, dass für viele Manager eine Organisation dann gut funktioniert, wenn sie wie eine gut geölte Maschine läuft. In vielen Managementlehren wird ein lineares und rationales Bild von Organisationen gezeichnet. Organisationen werden als vernünftige und berechenbare Systeme dargestellt. Hitzige Auseinandersetzungen und emotionale Entgleisungen passen nicht ins Bild. Konflikte werden als Ursache für eine defekte, rauchende und spuckende Maschine, bei der die Räder nicht mehr ordentlich ineinander greifen, interpretiert. Das ist bedrohlich. Da nimmt es nicht wunder, dass die positive Funktion von Konflikten bzw. Emotionen nicht wahrgenommen wird. Technokratisch gesehen sind Emotionen wie Sand im Getriebe und sollten möglichst „ausgemerzt" werden.

Woran man Zorn, Wut und Ärger erkennt

Ist ein Mensch zornig, wütend oder verärgert finden sich häufig eines oder mehrere der nachfolgenden Merkmale in seinem Gesicht (Bild 12):

- Die Augenbrauen sind finster zusammengezogen und gesenkt.
- Stechender Blick.
- Die Kiefer ist zusammengebissen.
- Die Lippen sind rechteckig geöffnet oder fest aufeinander gepresst.
- Die Lippen werden schmaler, das Lippenrot wird dünner.

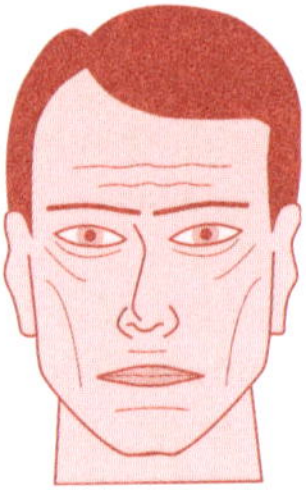

Bild 12: Zorn, Wut oder Ärger sind im Mienenspiel erkennbar

Mit der eigenen Wut umgehen

Jeder Mensch ist mal wütend in seinem Leben. Entweder auf sich selbst oder auf andere. Das ist normal. Vielfach gelingt es uns aber nicht, dieser Wut Ausdruck zu verleihen. Wut ist eine Emotion, die sozial einen schlechten Ruf hat. Und dennoch, Wut hat ihre Berechtigung. Der Gestalttherapeut Robert Blanton ist der Meinung, dass wir mit unseren Ärgergefühlen insgesamt zu zaghaft umgehen. Wir sollten einen richtigen Umgang mit dieser Emotion finden und sie auch in Sozialbeziehungen für ein Gespräch nutzen.

Tipps zum Umgang mit der eigenen Wut

- Sprechen Sie immer von Angesicht zu Angesicht mit der Person, auf die Sie wütend sind.
- Beginnen Sie Ihre Sätze so oft wie möglich mit den Worten: „Ich nehme Ihnen/dir übel, dass ...", „Ich weiß zu schätzen, dass ..."
- Sprechen Sie in der Gegenwartsform.
- Sprechen Sie konkrete Einzelheiten an.

- Hören Sie nicht bei allgemeinen Beschreibungen des Verhaltens oder allgemeinen Urteilen auf.
- Konzentrieren Sie sich – so gut es geht – auf das, was passiert, statt auf das, was nicht passiert ist.
- Bleiben Sie in Verbindung mit Ihrem Erleben und Ihrer Erfahrung, während Sie reden.
- Bleiben Sie weiter mit der Person zusammen, nachdem Sie sich gegenseitig von Ihren Grollgefühlen erzählt haben.
- Nachdem Sie beide die spezifischen Grollgefühle ausgedrückt haben, äußern Sie auf dieselbe Weise, was Sie am anderen schätzen.
- Bleiben Sie dran.
  (Blanton, 1997)

Mit der Wut, mit dem Ärger anderer Menschen umgehen

Ist Ihr Gegenüber wütend oder verärgert, empfehlen sich folgende Verhaltensweisen:

- Bleiben Sie ruhig und hören Sie zu.
- Wenn jemand besonders wütend ist, ist er nicht mit Logik zu erreichen. In solchen Situationen hilft, dass Sie sich erst mal auf sich konzentrieren und ruhig bleiben, um die sogenannte „Refraktärphase“ (Interaktionspartner kann nicht klar denken) zu überwinden.
- Versuchen Sie, sich nicht von der Wut anstecken zu lassen. Setzen Sie dies auch in Ihrer Position um, indem Sie einen Schritt oder zwei Schritte nach hinten oder zur Seite des Gesprächspartners gehen.
- Versuchen Sie, die Wut zu verstehen, anstatt Sie zu bekämpfen: Fragen Sie nach.

- Vermeiden Sie das beliebte „Argumentations-Pingpong“ (auf Argumente mit sofortigem Gegenargument reagieren).
- Verzichten Sie auf martialische oder Angriffsgesten.
- Zeigen Sie Ihre offenen Hände: Damit signalisieren Sie Ihrem Gegenüber, dass Sie nicht gegen ihn kämpfen wollen.

3.4 Freude, Wohlbefinden und Lust

Die meisten unter uns kennen die Momente, wo ihnen vor Freude und Glück die Welt und das Leben ganz wunderbar vorkommen. Man möchte dann die Zeit buchstäblich anhalten, alles voll und ganz auskosten und am besten gar nicht mehr in den Alltag zurückkehren. Sich zu freuen ist uns Menschen angeboren. Der Mediziner und Hirnforscher John Eccles hat herausgefunden, dass die Strukturen des limbischen Systems, die mit Freude, Lust und Liebe assoziiert sind, im Laufe der Evolution an Bedeutung zugenommen haben. Kein Wunder also, dass uns die Jagd nach dem Glück so wichtig ist. Schließlich ist Freude mit Selbstvertrauen und dem Gefühl, liebenswert und vital zu sein, verknüpft. Das Gefühl der Freude erleichtert auch die Bereitschaft, soziale Bindungen einzugehen und mit anderen zu kommunizieren. Echte Freude ist allerdings von der gespielten Freude nicht leicht zu unterscheiden.

Woran man echte Freude erkennt

Auch Freude ist im Mienenspiel erkennbar (Bild 13):

- Beim echten Lächeln (man nennt es auch das *Duchenne-Lächeln*) lachen die Augen mit, im Gegensatz zur gespielten Freude,

- auch ist beim echten Lächeln meist der Ringmuskel des Auges beteiligt,
- die Mundwinkel gehen mit und
- die Wangen sind höhergezogen als beim künstlichen Lächeln.

Bild 13: Ein freudiges Gesicht

Die Auslöser für Freude und Glück können so vielfältig wie das Leben sein. Ein beruflicher oder sportlicher Erfolg wie privates Glück in der Beziehung oder einfach nur die Betrachtung einer Landschaft bringen Menschen dazu, sich zu freuen, oder tiefe Glücksgefühle zu empfinden. Man weiß von kreativen Menschen, dass sie in Momenten der ungeteilten Aufmerksamkeit, des Versinkens in eine hochbefriedigende Aufgabe, ein außerordentliches Glücksgefühl empfinden können. Mihaly Cszikszentmihalyi gab diesem Zustand den mittlerweile populär gewordenen Namen „Flow".

Kein Wunder, dass Freude und Flow auch in Unternehmen zunehmend thematisiert werden. Wie können wir dafür sorgen, dass Mitarbeiter gern ins Unternehmen kommen? Wie erreichen wir Motivation und Engagement und Bindung an das Unternehmen? Wie können wir die Selbstverantwortlichkeit der Mitarbeiter fördern? Das sind die vielleicht häufigsten Fragen an externe Unternehmensberater.

Drei emotionale Spaßbremsen in Unternehmen

Die Antwort auf die oben gestellten Fragen ist aus der Sicht der Emotionsforschung sowie aus systemtheoretischer Perspektive relativ einfach. Wir brauchen mehr Raum für emotional-kreatives Handeln. Es muss eine Balance zwischen „vernünftigem Handeln" auf der einen Seite und „emotional-kreativem Handeln" auf der anderen Seite geben, damit Freude und Spaß in die Unternehmen kommen. Denn was wir uns oft nicht klar machen ist: Der moderne Begriff von Rationalität, sprich unsere Anschauung von Logik, ist kein zeitloses, transkulturelles bzw. universelles Naturgesetz, sondern eine kulturelle „Kopfgeburt" (Hans Rudi Fischer). Der Kern dessen, was Rationalität (logos) genannt wird, ebenso wie die Zuschreibung des Prädikats rational (Adjektiv), lassen sich nach Fischer auf Regelfolgen reduzieren, die sich – einmal aufgestellt und ausgedacht – stets von Neuem reproduzieren. Es kann daher situativ durchaus angebracht sein, diese Regel-Mittel-Mäßigkeit außer Kraft zu setzen. Es wird also mehr Raum für emotional-kreatives Handeln geschaffen, wenn auf Spaßbremsen verzichtet wird.

Spaßbremse 1: Zu wenig Raum für ungerades Denken und Kreativität

Viele Vorgesetzte, aber auch Mitarbeiter haben ein ausgesprochenes Faible fürs Analytische. Kreativität und Denken ins Ungerade sind dagegen verpönt. In

Besprechungen wird derjenige bestraft, der nicht ein perfekt ausgearbeitetes Ergebnis liefert. Auch wer vorschlägt, Fantasie ins Spiel zu bringen, macht sich schnell verdächtig, weil er die Konventionen der herkömmlichen Logik bricht. Ideen, kreative Lösungen und Innovationen kommen nicht zustande, da in einer solchen Organisationskultur die Strategien, die dazu führen würden, nicht gefragt sind.

Spaßbremse 2: Zu wenig Resonanz

Menschen sind angewiesen auf die Resonanz anderer Menschen. Deswegen ist es für viele Mitarbeiter demotivierend, wenn ihre Handlungen nicht oder zu wenig beachtet werden. Resonanz durch ein einfaches Aha, Hm oder freundliches Nicken des Kopfes kommt in Unternehmen viel zu selten vor. Ebenso das positive Feedback zu hervorzuhebenden Leistungen. Öfter ist leider das abrupt negative Feedback zu beobachten. „Was haben Sie sich da schon wieder geleistet?“, „Das stimmt nicht, was Sie da sagen“ oder Kopfschütteln in Sitzungen.

Spaßbremse 3: Zu wenig Empathie

Die Steigerung von zu wenig Resonanz ist zu wenig Empathie. Viele Vorgesetzte, aber auch Mitarbeiter sehen die Welt zu sehr aus ihren Augen und nicht aus denen des anderen. Dabei könnte es einen großen Reiz darstellen, die Welt einmal aus einer fremden Perspektive zu sehen, weil sie oft einen völlig neuen Zugang zum „Thema“ schafft. Abgesehen davon sorgt ein Mangel an Empathie auch für Stress in zwischenmenschlichen Beziehungen. Wissenschaftler haben herausgefunden, dass absichtlich verweigerte körpersprachliche und mimisch-gestische „Spiegelungen“

zu massiven Unlustreaktionen sowohl bei Kindern als auch Erwachsenen führen können. Auch der Mediziner und Psychoimmunologe Joachim Bauer macht mangelndes Einfühlungsvermögen als Ursache für inkompetentes Führungs- und Teamverhalten aus. „Die Kriterien, derer sich Vernunftmenschen bedienen und die großenteils der mathematischen oder physikalischen Logik entlehnt sind, lassen den subjektiven intuitiven Faktor oft außer Acht" (Bauer, 2005). Die Folgen sind ein freudloses und angespanntes Betriebsklima.

Auswege aus der Freudlosigkeit

Auswege aus dem Motivationsdilemma und der freudlosen Tristesse in Unternehmen gibt es viele. Folgende Initiativen könnten Sie allein ergreifen, ohne gleich nach der Organisationsreform rufen zu müssen:

- Lernen Sie sich selbst kennen. Klären Sie, wer Sie sind, was Sie ausmacht. Lassen Sie einmal die anderen die anderen sein.
- Entdecken Sie Ihre eigenen Möglichkeiten. Werden Sie sich Ihrer Stärken bewusst und bringen Sie sie gezielt in das Unternehmen ein.
- Suchen oder schaffen Sie sich ein Umfeld bzw. Beziehungsnetzwerk, in dem Sie sich wohl fühlen und erfolgreich sein können.
- Meiden Sie Miesmacher und Schlechtredner. Denken Sie daran, welche Chancen auch in Problemen und Schwierigkeiten stecken. Sehen Sie Probleme als Herausforderungen an.
- Werden Sie Unternehmenszoologe. In jeder Organisation gibt es Unsympathen, unangenehme Karrieristen, aufgeblasene Angeber, aber auch nette

Leute und interessante bunte Vögel. Jedes Unternehmen kann man daher auch als eine Art Zoo betrachten, in dem viele unterschiedliche Tiere vorhanden sind, deren Verhaltensweisen Sie studieren können.

Mehr Freude durch Beziehungsintelligenz. Denken Sie in Beziehungen!
Beantworten Sie folgende Fragen:

- Zu welchen Personen/Abteilungen/Gremien pflegen Sie Beziehungen? Malen Sie Ihr Netzwerk eventuell auch auf.
- Welche Art der Zusammenarbeit wünschen/erwarten Sie sich von ....?
- Was denken Sie, was die anderen von der Zusammenarbeit mit Ihnen erwarten?
- Was erwarten Sie von den anderen hinsichtlich der Qualität der Arbeitsergebnisse?
- Welche Erwartungen an die Qualität der gemeinsamen Arbeitsergebnisse vermuten Sie bei den anderen?
- Wie beurteilen Sie Ihre Beziehung zu den einzelnen Personen/Abteilungen/Gremien?
- Wie beurteilen Sie die Beziehungen der einzelnen Personen/Abteilungen/Gremien untereinander?

Beziehungsstrukturen beschränken sich nicht nur auf A und B, sondern zwischen allen Beteiligten besteht eine Verbindung:

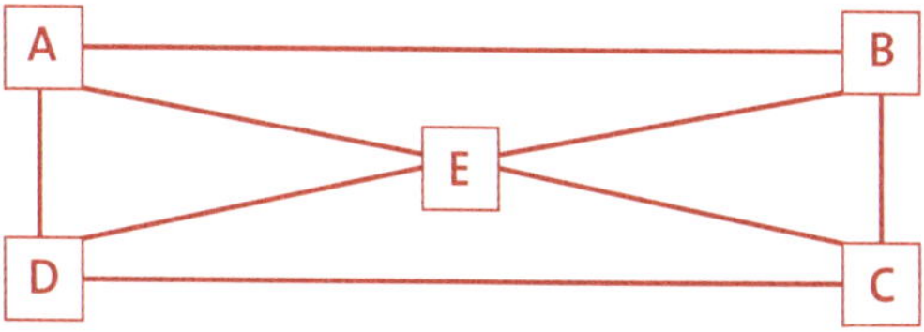

Öfter mal Lächeln

Darüber hinaus können Sie noch etwas tun, um der Freudlosigkeit entgegenzuwirken. Lächeln Sie einfach öfter. Lachen ist ein Grundbedürfnis des Menschen und dient dem Ausdruck von Freude und Glück. Außerdem wirkt es ansteckend (Bild 14).

Bild 14: Lachen ist ansteckend (Graphik nach Michael Steffens, 1997)

In vielen Unternehmen sollte unbedingt mehr gelacht werden, weil das die Motivation und Freude an der Arbeit fördert. Damit ist nicht gemeint, dass Sie dauernd Witze reißen sollen, sondern es geht eher um die alltägliche Freundlichkeit. Das *freudige oder echte Lächeln* dient dabei dem Ausdruck von Freude. Freudiges Lächeln wird mit partnerschaftlicher Absicht gesendet. Es setzt niemanden herab und zielt darauf, Verbindlichkeit zum anderen herzustellen. Dagegen ist das *Signal-Lächeln* von den Emotionen Freude, Angst oder Wut weitgehend abgekoppelt. Es simuliert Freundlichkeit oder Freude und hat die Absicht, die Verbindlichkeit einer Beziehung zu erhöhen und weiter gehende Ziele zu verfolgen. Mit Hilfe des Signal-Lächelns lässt sich etwa ein Konflikt präventiv oder aktuell deeskalieren. Das Signal-Lächeln macht unsere Welt dennoch freundlicher und bewirkt auch in manchen Betriebssituationen wahre Wunder – auch wenn es im Gegensatz zum freudigen Lächeln nicht so authentisch ist.

Aus wissenschaftlichen Untersuchungen weiß man, dass Lachen höchst ansteckend ist. So gibt es beispielsweise Lachschulen, in denen sich Menschen ausschließlich zum gemeinsamen Lachen treffen. Falls es eine solche Lachschule in Ihrer Umgebung noch nicht geben sollte, hier ein paar Übungsvorschläge, um ein wenig Freude und positive Energie in Ihr Umfeld zu bringen:

- Versuchen Sie, einen ganzen Tag lang alle Menschen in Ihrer Umgebung anzulachen oder zumindest anzulächeln.
- Weiten Sie dies auf alle, denen Sie begegnen, aus. Versuchen Sie also auch unbekannte Menschen, die Sie ansehen, anzulächeln. Erwarten Sie allerdings nicht, dass jeder sofort zurücklächelt. Tun Sie dies ganz aus sich heraus, ohne etwas von anderen zu erwarten. Dies ist sehr wichtig, da sonst Ihr Lachen auf andere nicht sehr ansteckend wirkt.

- Achten Sie darauf, dass Sie das Lächeln, das Sie von anderen Menschen erhalten, zurückgeben (Resonanz).

3.5 Ekel und Verachtung

Nach Paul Ekman ist Ekel ein Gefühl der Abneigung gegen einen Geschmack, einen Geruch oder eine Berührung. Aber auch Handlungen oder Zustände von Menschen können Ekel oder Abscheu hervorrufen. Stellen Sie sich einen Kollegen vor, der an einer schweren Krankheit leidet. Viele Menschen beginnen schnell damit, sich von dieser Person zu distanzieren bzw. ihre Nähe zu meiden, selbst wenn bekannt ist, dass die Krankheit nicht ansteckend ist. Ekel ist ein Gefühl, das in diesem Sinne den anderen exkommuniziert, d. h. ihn ausschließt. Der Psychologe Paul Rozin unterscheidet daher das allgemeine Ekelgefühl vom zwischenmenschlichen Ekel, den er in vier Gruppen unterteilt:

- das Fremde,
- das Kranke,
- das Unglückliche,
- das moralisch Verwerfliche.

Untersuchungen von Paul Ekman zeigen, dass seine Studenten als Grund für Ekel am häufigsten die Konfrontation mit moralisch verwerflichem Handeln angaben, etwa die Taten der Nazis in den Konzentrationslagern oder der Bruch von Sexualtabus.

Bei zunehmender Vertrautheit empfinden wir weniger schnell Ekel (Eltern/Kind/Sexualpartner). Möglicherweise besteht die soziale Funktion des Ekels in seiner Überwindung, um Vertrauen und soziale Bindungen zu festigen.

Die Emotion „Verachtung" hingegen wird grundsätzlich nur Menschen entgegengebracht. Verachtung beinhaltet ein Moment der Herablassung gegenüber den Personen, die man gering schätzt. Es ist gut möglich, dass eine Person in untergeordneter Position jemanden verachtet, der ihr überlegen ist. Manchmal kann man bei Teenagern beispielsweise eine Art Verachtungsmimik im Gesicht erkennen. Bei genauerem Hinsehen allerdings sieht man aber, dass sich hinter dieser coolen Fassade viel Angst und Unsicherheit verbergen. Das zu wissen würde bei einigen Lehrern und anderen Erwachsenen zu mehr Entspannung im Umgang mit Jugendlichen beitragen.

Nach Paul Ekman ist Verachtung, im Gegensatz zu Ekel und Abscheu, für die meisten Menschen eine angenehme Empfindung. Signalisiert diese Emotion doch auch Überlegenheit und Macht. Es ist allerdings schwer, dieser Emotion eine eineindeutige soziale Funktion zuzuordnen. In einigen Unternehmen sind sich manche Mitarbeiter sicher, auch diese Emotion beobachten zu können. Ein Manager sagte einmal, dass „Verächtlichkeit" sein Betriebsklima sehr gut umschreiben würde. Auf die Frage, woran er das erkenne könne, antwortete er: „An der Mimik der Chefs und an deren Körpersprache."

Ekel und Verachtung bei anderen erkennen

Bei Ekel (Bild 15) und Verachtung (Bild 16) finden sich häufig eines oder mehrere der nachfolgenden Merkmale im Gesicht:

- Die Augen sind weit geöffnet.
- Die Oberlippe ist so weit wie möglich heraufgezogen (Ekel).

- Die Unterlippe ist ebenfalls leicht angehoben und schiebt sich ein wenig nach vorn (Verachtung).
- Die Falte zwischen den Nasenflügeln und Mundwinkeln ist tief eingegraben.
- Angehobene Wangen und gesenkte Augenbrauen lassen in den Augenwinkeln Krähenfüße entstehen.
- Die Nase ist gerümpft (Ekel).

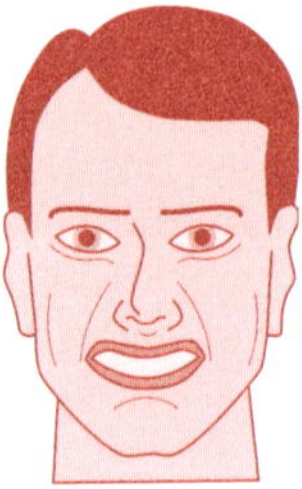

Bild 15: Ekel verursacht einen typischen Ausdruck im Gesicht

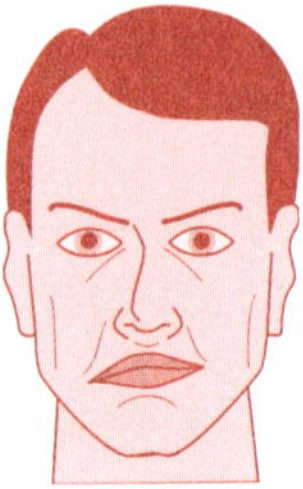

Bild 16: Verachtung drückt sich in der Mimik aus

Umgang mit Verachtungssignalen bei anderen

Wie bei allen bisher dargestellten Emotionen empfiehlt es sich auch bei Verachtung, nicht nur das äußere Verhalten des anderen zu beurteilen. Oft geraten wir durch zu große Aufmerksamkeit auf das äußere Verhalten eines Menschen in eine Art Kurzzeithypnose. Wir sind durch das „negative“ Verhalten des anderen so gebannt, dass wir uns außerstande sehen, angemessen zu reagieren. Starke Emotionen haben den Charakter, dass sie uns positiv wie negativ in den Bann ziehen.

Jede Emotion eines Menschen hat aber nicht nur eine beobachtbare Form, sondern auch ein bestimmtes Motiv. Auch die Verachtung hat für denjenigen, der sie empfindet, nachvollziehbare Gründe. Sollten Sie etwa als Vorgesetzter oder Führungskraft bei Ihren Mitarbeitern, Kunden oder Kollegen Verachtungssignale Ihnen gegenüber beobachten, könnte es sein, dass sich dahinter ein Macht- oder Kränkungsthema verbirgt. Derjenige fühlt sich möglicherweise durch Sie in seinem persönlichen Freiraum so eingeschränkt oder missverstanden, dass er sich in die Verachtung rettet. Bei labilen Paarbeziehungen ist häufig zu beobachten, dass ein Partner dem anderen Verachtung entgegenbringt, wenn er sich in höchstem Maße missverstanden oder gekränkt fühlt. Sozialforscher, die sich mit Mimik und Gestik in Paarbeziehungen auseinander setzen, haben festgestellt, dass Partnerschaften, in denen Verachtungssignale vorkommen, eine schlechtere Zukunftsprognose haben als solche, in denen Verachtungssignale keine oder nur eine geringe Rolle spielen. Es kann also durchaus wichtig sein, sich mit dieser Emotion auseinander zu setzen.

Folgendes können Sie tun, wenn Menschen Ihnen gegenüber Verachtungssignale senden:

- Lassen Sie sich dadurch nicht provozieren. Verachtung ist ein Hilfesignal, kein Dominanz- oder Kampfsignal!
- Nehmen Sie den Verachtenden ernst, indem Sie sich fragen, warum derjenige Sie verachten könnte. Oft sind Sie nämlich nicht als Person, sondern als Träger einer Rolle oder einer bestimmten Funktion gemeint.
- Finden Sie heraus, ob Sie in letzter Zeit Anlass dazu gegeben haben, dass sich jemand durch Sie gekränkt fühlen könnte. Mitarbeiter fühlen sich häufig gekränkt, ohne dass sich deren Vorgesetzte darüber bewusst sind.
- Nähern Sie sich dem Verachtenden vorsichtig und geben Sie ihm Zeit, sich von seinem Vorurteil Ihnen gegenüber zu befreien.
- Ausnahme: Wenn Verachtung mit Gewaltbereitschaft einhergeht, sollten Sie das Weite suchen. Hier helfen die oben aufgeführten „rationalen" Gegeninitiativen meistens nicht mehr weiter.

Ein neuer Vorgesetzter packt mit Mut und Zuversicht seine neuen Aufgaben an, krempelt die Ärmel hoch, geht frohgemut auf die Mitarbeiter zu, führt einige Änderungen durch und erntet nach einiger Zeit Verachtungssignale bei den Mitarbeitern. So etwas kommt in der Praxis relativ häufig vor, weil viele dynamische Vorgesetzte nicht erkennen, dass sie am Anfang behutsam vorgehen müssen, um die ungeschriebenen Gesetze der Abteilungs- oder Teamkultur kennen zu lernen. Frei nach dem Motto: „Einen Menschen muss man dort aufsuchen, wo er ist, und nicht dort, wo man ihn haben will."

3.6 Scham

Im Gegensatz zu den bisherigen Emotionen ist Scham - genauso wie das Schuldgefühl - eine moralische Emotion. Beide Gefühle verbindet, dass wir sie prinzipiell als unangenehm empfinden. Während das Schamgefühl eine sehr deutlich vegetative Komponente („rot werden“) beinhaltet, ist Schuldgefühl nach außen weniger ausdrucksstark.

Zunächst zur Scham. Erinnern Sie sich an eine Situation, in der Sie sich geschämt haben. Vielleicht ist Ihnen in einem Vortrag der rote Faden abhanden gekommen und Sie wussten nicht mehr so richtig weiter. Oder Sie stellen fest, dass Sie soeben einen vermeintlich Bekannten begrüßt haben, der gar nicht Ihr Bekannter ist, Sie sich also geirrt haben. Scham ist die Folge eines sich als inadäquat herausstellenden Interesses. Wenn wir uns schämen, ist uns etwas peinlich, wir fühlen uns bloßgestellt und kommen uns den anderen gegenüber etwas „ausgezogen“ vor, weil wir irrtümlich etwas wollten oder annahmen, was uns nicht zustand. Wahrscheinlich ist es auch kein Zufall, dass die erste expressive Emotion des Menschen aus biblischer Sicht die Scham war. Laut Genesis 3, 6–7 bedeckten sich Adam und Eva mit Feigenlaub, als sie vom Baum der Erkenntnis genascht hatten und dem Paradies entfliehen mussten.

Scham hat die Funktion, Nähe und Distanz zu regulieren. Schamgefühl hindert uns daran, allzu plump oder vertraut aufzutreten. Wir lernen durch die Scham, dem anderen mit Respekt zu begegnen. Genauso wollen wir, dass andere unsere Intimsphäre wahren. Nicht nur Sexualität, sondern auch Nähe, körperliche Berührung, das Austauschen von als intim empfundenen Gedanken, Tabus und Tabuverletzung, Persönlichkeitsgrenzen und ihre Überschreitung gehen mit Schamgefühl einher (Hülshoff).

In Unternehmen spielt das Gefühl der Scham bzw. die Beschämung eine nicht unerhebliche, von Personalverantwortlichen aber oft unterschätzte Rolle. Viele innerbetriebliche Konflikte kommen zustande, weil sich Mitarbeiter durch andere Mitarbeiter, Kollegen oder Vorgesetzte beschämt oder bloßgestellt fühlen. Es reichen schon sarkastische oder abwertende Gesten oder achtlos dahingesagte „Killerphrasen“ aus, um bei Menschen unangenehme Schamgefühle auszulösen. Auf die Dauer haben diese den anderen beschämenden Verhaltensweisen weitreichende Konsequenzen für das Betriebsklima. Redewendungen wie „jemanden vorführen“, „Ansehen haben“, „vor den anderen gut dastehen“ weisen auf den Zusammenhang von Ansehen, Achtung, sozialem Status und Statusverlust auf der einen Seite und Schamgefühl auf der anderen Seite hin. Da soziales Handeln im Betrieb immer unter Beobachtung stattfindet, bekommt der Bloßgestellte beinahe zwangsläufig ein „Imageproblem“, wenn er vor anderen sein Gesicht zu verlieren droht.

Manche Manager kennen die Angst vor drohendem Gesichtsverlust aus leidvoller Selbsterfahrung. Die Tatsache, dass unternehmerische Fehlentscheidungen nicht an die große Glocke gehängt werden, hat etwas mit Schamgefühl und befürchtetem Ansehensverlust des Verantwortlichen zu tun. Es hängt natürlich auch von der jeweiligen Unternehmenskultur ab, inwiefern dort Fehler und Fehlentscheidungen erlaubt sind. In einer Kontrollkultur, in der Fehler auf jeden Fall verhindert werden müssen, ist das Risiko des Gesichtsverlustes durch Zugeben von Fehlern ungleich höher als in einer Experimentalkultur, in der das Ausprobieren, Fehlermachen oder etwas Riskieren normale Bestandteile des Alltagshandelns sind.

Bei Mitarbeitern, die sich plötzlich und unerwartet zurückziehen, können Schamgefühle dahinterstecken. Beschämte Mitarbeiter sind eine schwere Hypothek für Unternehmen, da sie nicht selten zu unberechenbaren U-Booten mutieren, die aus dem „tiefen Wasser" heraus gegen die Strategien des Unternehmens schießen. „Da habe ich noch eine Rechnung offen", lautet ja auch eine Redewendung.

Woran man Scham erkennt

Körperlich geht das Schamgefühl mit erhöhtem Pulsdruck, Schwitzen einem Kloß im Hals oder Herzklopfen einher. Schämt sich ein Mensch, dann können folgende Merkmale auftreten (Bild 17):

- Die Sprache wird leiser (oder man spricht weniger).
- Blickkontakt wird vermieden oder abgebrochen, das Individuum guckt möglicherweise nach unten.
- Typischerweise wird der Blick vom anderen abgewandt, Kopf- und Körperbewegung tendieren dazu, den sich Schämenden kleiner erscheinen zu lassen.
- Die Augenlider sind gesenkt und werden möglicherweise sogar geschlossen.
- Oft ist auch ein deutliches Erröten des Gesichts erkennbar.

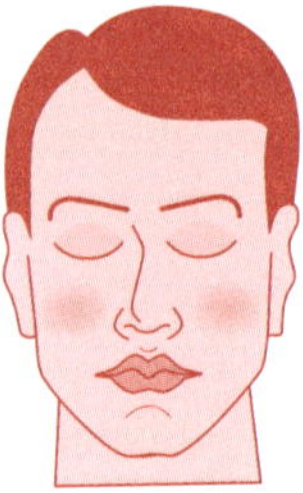

Bild 17: Scham ist in der Mimik erkennbar

Ein sehr eindrucksvolles Beispiel in seiner negativsten und menschenverachtendsten Ausprägung können wir in den Schauprozessen von Freisler, dem obersten Richter des NS-Volksgerichtshofes, finden. Dieser „Richter“ arbeitete mit dem Mittel der tiefsten Beschämung seiner Angeklagten.

Umgang bzw. Vermeidung von Scham

Für den Umgang mit Scham sind folgende Punkte wichtig:

- Achten Sie darauf, dass Ihr Gegenüber stets sein Gesicht wahren kann. Nichts ist für Ihre Mitarbeiter so wichtig wie die Wahrung des eigenen Status.
- Verzichten Sie auf Bloßstellungsrituale, z. B. Kritik vor versammelter Mannschaft.
- Auch in Team-Workshops sind Methoden, die den anderen psychologisch in die Klemme bringen, meistens unangebracht (z. B. die gerne praktizierte Methode „der heiße Stuhl“).
- Verzichten Sie auf „Bekenntnisrituale“ („gestehen Sie Angeklagter“) und fordern Sie von Ihren

Mitarbeitern keine unfreiwilligen Selbstoffenbarungen.

- Achten Sie jeden Menschen als integre Person mit eigenen sozialen, psychischen und kognitiven Grenzen.

3.7 Schuldgefühl und Gewissen

Während Schamgefühl meist nur von kurzer Dauer ist, wieder abklingt bzw. sich verwandelt in Verachtung, Wut, Aggression oder Angst, kann sich Schuld dauerhaft in uns festsetzen. Häufig sind Schuldgefühle auch die Folge der Scham. Denken Sie wieder an Adam und Eva: Als sie vom Baum der Erkenntnis gegessen hatten, bedeckten sie sich schamhaft und flohen anschließend schuldbewusst aus dem Paradies.

Schuldgefühle entstehen nicht nur im religiös-mythologischen Zusammenhang, sondern vor allem im zwischenmenschlichen Miteinander. Der Begriff Schuld erinnert an eine Art Konto, das wir führen. Was sind wir dem anderen schuldig, was sind uns andere schuldig? Dies sind Überlegungen, die eigentlich jeder Mensch anstellt und die nicht nur auf das Finanzielle beschränkt sind. In unseren sozialen Beziehungen streben wir in der Regel nach Ausgewogenheit und Schuldenfreiheit. Wir wollen ein stets ausgeglichenes Konto, was allerdings kaum gelingt, denn irgendwie stehen wir immer in der Schuld anderer. So gesehen, können wir eigentlich gar nicht *nicht* schuldig sein. Dies zeigt auch die folgende Geschichte:

Das Geheimnis des Marionettenspiels
Im Zelt eines Marionettenspielers stand dicht gedrängt eine Menschenmenge, die lauthals lachend dem Spiel der Marionetten folgte. Ganz hinten stand ein Vater mit seinem Sohn. Während der Vater auf den Zehenspitzen stehend die Szene gerade noch sehen konnte, reichte der Sohn mit seinem Kopf nur bis zur Hüftschärpe der Umstehenden. Er reckte sich den Hals aus und weinte schließlich, bis ihn der Vater auf die Schulter nahm. War das ein Vergnügen! Hoch oben über alle Turbane hinweg sah nun der Junge das lustige Spiel der Puppen. Er weinte nicht mehr, sondern jauchzte, hüpfte auf den Schultern des Vaters, als wäre er ein Reiter und der Vater das Pferd. Begeistert trommelte er mit seinen Fäusten auf den Kopf des Vaters, trampelte mit seinen Füßen gegen dessen Brust und vergaß völlig, dass er auf seinem Vater saß. Plötzlich merkte er eine Hand auf seiner Schulter. Erschreckt drehte er sich um und sah einen weißbärtigen, gütig blickenden Derwisch. „Mein Sohn", sprach dieser, „du amüsierst dich sehr gut, du siehst das Marionettentheater besser als viele andere im Zelt. Doch denke daran, wenn dein Vater sich nicht die Mühe gemacht hätte, dich auf seine Schultern zu laden, stündest du noch unten im Schatten der anderen. Vergiss also nicht, auf wessen Schultern du sitzt. Du solltest dich freuen und glücklich sein. Du solltest aber auch die anderen, auf deren Schultern du glücklich bist, nicht vergessen."
(Nach Nosrat Peseschkian)

Voraussetzungen des Schuldgefühls

Nach Hülshoff gibt es bestimmte „kognitive Voraussetzungen", die gegeben sein müssen, damit wir Menschen überhaupt so etwas wie Schuldgefühle entwickeln können:

- Wir müssen erkennen, was wir für andere getan haben und was wir ihnen schuldig geblieben sind.
- Es ist ein intensives Gefühl von Ärger notwendig, damit wir einfordern können, was andere uns schuldig sind.
- Umgekehrt empfinden wir ein tiefes Unbehagen, wenn wir anderen etwas schuldig geblieben sind, das „Schuldkonto" also nicht ausgeglichen ist.
- Schließlich kann das Hervorrufen von Schuldgefühlen bewusst in das Arsenal sozialer Manipulationen und Tricks integriert werden. Nicht nur die Androhung von Strafe, sondern auch das mimische, gestische oder sprachliche Ausdrücken eines Vorwurfs können beim Gegenüber Schuldgefühle wecken.
- Eine weitere biologische Determinante für das Auftreten von Schuldgefühlen ist die Fähigkeit, in kausalen Kategorien zu denken. Das Bedürfnis nach Kausalität kann dazu beitragen, Schuldgefühle (oft völlig unberechtigte und unpassende) hervorzurufen. So können bei unbegreiflichen und unerklärlichen, vielleicht bedrohlichen Ereignissen „Sündenböcke" verantwortlich gemacht werden. Hexenverfolgungen im Mittelalter und Verfolgungen ethnischer oder kultureller Minderheiten auch in unseren Tagen bieten furchtbare Beispiele (Hülshoff).

Die Gefahr, dass Schuld und Schuldgefühle im Unternehmen eine Rolle spielen, ist gegeben, wenn Menschen dauerhaft miteinander zusammenarbeiten, eine gemeinsame Geschichte haben oder gar freundschaftliche Bande geknüpft sind oder waren.

Negativ aufgerechnete Schuldkonten haben meistens mit psychischen Verletzungen, Gerechtigkeitsüberlegungen und ungelösten Konflikten zu tun. Auch das Phänomen Mobbing ist Folge von oft nicht bewussten, aber gegenseitig aufgerechneten Schuldkonten und geheimen Schuldgefühlen.

Vorgesetzte kämpfen mit Schuldgefühlen, wenn sie einen Mitarbeiter entlassen müssen. Oder der eigene Aufstieg ging auf Kosten eines Kollegen, mit dem man freundschaftlich verbunden war. Mitarbeiter haben Schuldgefühle, wenn sie auch einmal „nein" zu ihren Chefs sagen, weil ihnen die Arbeit über den Kopf wächst, oder wenn sie eine Arbeit nicht so erledigt haben, wie es gewünscht war. Schuldgefühle entwickeln sich individuell, je nachdem, welche Werte und Normen wir für uns verletzt sehen.

Mit Schuldgefühlen umgehen

Ein Schuldgefühl in der Arbeit zu thematisieren ist ohne beraterische Hilfe schwierig. Wenn ein Mensch unter Schuldgefühlen leidet, ist das eine sehr persönliche und individuelle Sache. Schuldgefühle sind außerdem weniger expressiv als die bisher behandelten, anderen Emotionen. Sie würden sich auf sehr dünnem Eis bewegen, würden Sie ein Schuldgefühl bei einem anderen Menschen „diagnostizieren". Es stellt sich daher die Frage, wie wir selbst mit unseren eigenen Schuldgefühlen umgehen können, denn Schuldgefühle sind als typische Sekundärgefühle Produkt unseres Denkens bzw. Nachdenkens über belastete Sachverhalte.

Wenn Sie selbst in bestimmten Situationen unter Schuldgefühlen leiden, sind folgende Fragen vielleicht hilfreich für Sie:

- Wofür übernehme ich Verantwortung und vor allem für wen?
- Ist es wirklich so, dass ich mich schuldig fühlen muss, oder übernehme ich für etwas Verantwortung, wofür ich eigentlich nicht verantwortlich bin?
- Inwiefern ist das, was ich mir selbst vorwerfe, ein wirklich unverzeihliches Unrecht?
- Habe ich etwas getan, das eigentlich verzeihlich ist, weil Fehler jedem einmal passieren können?
- Welche Glaubenssätze und inneren Leitsätze habe ich in meiner Herkunftsfamilie gelernt, die meine Schuldgefühle „nähren" könnten?
- Welche der folgenden „inneren Antreiber" beeinträchtigen mich besonders stark? Kreuzen Sie an und überlegen Sie, woher diese Antreiber kommen:

	ja	nein	etwas
Mach es allen recht!			
Mach es immer richtig!			
Sei stets stark!			
Mach immer schnell!			
Streng dich stets an!			
Sei stets originell und unterhaltsam!			

- Überlegen Sie bitte, wem Sie dankbar sind. Schreiben Sie alle Leute auf. Werden Sie sich dessen bewusst, bedanken Sie sich innerlich, ohne Schuldgefühle!

4 Umgang mit Emotionen in Veränderungsprozessen

Emotionen spielen im Leben wie in jedem Unternehmen eine wesentliche Rolle. Wie sie funktionieren und wie sie wirken, wurde in den vorangegangenen Kapiteln dargestellt. Vielleicht war es für Sie interessant, zu sehen, dass man mit Emotionen durchaus rational und alltagspraktisch umgehen kann. Die Erfahrung zeigt, dass Menschen, die mit ihren eigenen Gefühlen und denen anderer einen bewussteren Umgang suchen, sich als selbstbewusster, ausgeglichener, lebendiger und gelassener erleben als Menschen, die sich in ein einseitiges Verstandeskorsett zwängen. Man sollte allerdings keinesfalls den Fehler machen, die Welt der Gefühle zu verklären. Ein schwärmerischer Umgang mit dem Gefühl ist ebenso wenig angebracht wie die einseitige Ideologisierung des Verstandes. Verstand und Gefühl sind keine Gegenspieler, wie im anfangs gezeigten Bild „Pallas Athene bändigt den Kentauren“ dargestellt, sondern Verbündete. Gefühl und Verstand sind für alltagspraktisches zielführendes Handeln und Entscheiden mehr aufeinander angewiesen, als landläufig angenommen. Der deutsche Dichter Friedrich von Schiller hat dies so gesehen: Ein Mensch, der allein nach seinem Gefühl und ohne jede Grundsätze handelt, ist ein „Wilder“; ein Mensch aber, der nur nach Grundsätzen lebt und auf seine Gefühle keine Rücksicht nimmt, ist ein Barbar.

4.1 Emotionale Reaktionen in Unternehmen

Wir leben im Zeitalter des permanenten Wandels. Innovationen, vor allem in der Kommunikationstechnik, und die Globalisierung der Märkte zwingen Menschen und Unternehmen mehr oder weniger dazu, sich mit dem Thema Veränderungen auseinander zu setzen. Wohl noch nie gab es eine Zeit, in der Wandlungsphänomene so schnell vonstatten gingen wie heute. Immer wieder fegen neue Organisationsstrukturen und Technologien das Gewohnte beiseite. Vielleicht haben Sie es auch schon selbst so erlebt?!

Durch die mit Veränderungsprozessen verbundenen strukturellen Änderungen entstehen einerseits für viele Mitarbeiter neue ungewohnte Umgebungen, Kompetenzen und Herausforderungen. Change kann also durchaus Lust bringen, für Abwechslung sorgen und Aufbruchstimmungen erzeugen. Andererseits sind es nicht nur positive Gefühle, die sich während des Veränderungsprozesses einstellen. Tina Kiefer, eine Schweizer Organisationspsychologin, benennt negative Emotionen wie Satthaben, Abneigung, Widerwille, Sorge, Angst, Unsicherheit, Enttäuschung, Frustration, Misstrauen und Ärger, die im Wandel auftreten können. Schnell entwickelt sich neben rationalen und politischen Widerständen auch emotionaler Widerstand. Klaus Doppler und Christoph Lauterburg unterscheiden zwischen aktiven und passiven, verbalen und nonverbalen Formen des Widerstandes, die im Unternehmen vorkommen können, wie Bild 18 veranschaulicht.

verbal *(Reden)*	**nonverbal** *(Verhalten)*
Widerspruch *Gegenargumentation* *Vorwürfe* *Drohungen* *Polemik* *sturer Formalismus*	**Aufregung** *Unruhe* *Streit* *Intrigen* *Gerüchte* *Cliquenbildung*
Ausweichen *Schweigen* *Bagatellisieren* *Blödeln* *ins Lächerliche ziehen* *Unwichtiges debattieren*	**Lustlosigkeit** *Unaufmerksamkeit* *Müdigkeit* *Fernbleiben* *innere Emigration* *Krankheit*

Bild 18: Formen des Widerstands

4.2 Warum Sie „Altes“ ernst nehmen sollten

Um solche und andere Prozesse im Unternehmen zu verstehen, lassen Sie uns kurz über die Frage nachdenken, wie wir Menschen überhaupt Neues lernen (Spitzer). Stellen Sie sich eine große Wiese vor. Am Ende dieser Wiese steht eine alte Hütte. Es ist eine Hütte, bei der bislang nur ein einzelner Bauer in unregelmäßigen Abständen vorbeischaute. Sie sehen von Ihrer Stelle aus also nur einen kleinen schmalen Trampelpfad auf der Wiese, der dorthin führt. Der Pfad ist eigentlich kaum erkennbar, man sieht nur, dass das Gras leicht niedergedrückt ist. Eines Tags wird die Hütte umfunktioniert. Nehmen wir an, die Hütte ist zu einer kleinen Almwirtschaft umgebaut worden und mehrere Touristen nutzen sie jetzt als Jausenstation. Nun wird sich der einst nur schmale Pfad, den allein der Bauer nutzte, zu einem größeren breiten Weg entwickeln. Die vielen Almgäste nehmen sozusagen den vorgezeichneten Pfad des Bauern auf, um zur Hütte zu gelangen. Nach einer Zeit wird aus dem schmalen Trampelpfad ein großer breiter Feldweg.

Wenn wir dieses Beispiel mit der Bahn- oder Spurenziehung unseres Gehirns vergleichen, passiert dort etwas Ähnliches. Unser Gehirn lernt über Erfahrungen, die sich materiell in unserem Gehirn verankern. Diese Materialisierung unserer Erfahrungen nennt man in der Neurobiologie Synapsenbildung. Sie geschieht, wenn wir im Begriff sind, etwas Neues zu lernen. Der Psychiater und Neurowissenschaftler Manfred Spitzer meint, dass jeder einzelne Gebrauch, d. h. jede einzelne Erfahrung, sich zwar nur geringfügig niederschlägt, aber nach vielen Erfahrungen verbleiben deren Statistik und damit Regeln in Form fester Spuren im Gehirn. Unser Gehirn lernt also, wichtige Ziele über mehr oder weniger gut ausgebaute Wege zu erreichen. Diese angelegten Spuren verfestigen sich dann automatisch durch ihren Gebrauch.

Nehmen wir nun weiter an, die Hütte wird eines Tages für die vielen Gäste zu klein. Der Bauer wittert sein großes Geschäft und baut ungefähr 100 Meter weiter rechts ein neues großes Gasthaus auf. Was passiert nun mit dem Weg? Auch wenn es nun eine direktere bzw. kürzere Linie zu dem neuen Gasthaus gibt, werden die meisten Wanderer auf dem vorher entstandenen Pfad entlanggehen, weil er schon da ist. Eine neue Verbindung wird dann von der alten Hütte zum neuen Gasthaus dazugeschaffen. Auch diese Strategie korrespondiert wieder mit der Vorgehensweise unseres Gehirns. Das Gehirn knüpft an einmal gemachten Pfaden Neues an. Auch für das Gehirn scheint es plausibler zu sein, die alten wichtigen Wege zu nutzen, um von da einen neuen Pfad hinzuzufügen, statt ein völlig neues „Layout" des Weges zu entwerfen. Manfred Spitzer sagt hierzu: „Sind Spuren einmal fest vorhanden, werden Veränderungen auf die Strukturen ‚aufgesattelt', diesen also überlagert, sodass die Geschichte der Erfahrungen im Laufe eines Lebens eine bedeutsame Rolle spielt."

Angesichts dieser Erkenntnisse wird vielleicht klarer, warum große Veränderungsprozesse in Unternehmen oft auf so viel Widerstand stoßen: Mitarbeiter haben nämlich oft den Eindruck, dass die alten Wege, die sie mit viel Arbeit und Engagement entwickelt haben, von heute auf morgen abgeschafft werden sollen. Häufig wird durch ungeschickte interne Kommunikation der Eindruck geschürt, dass das Alte völlig falsch war und die vielen Fehler durch das Neue sozusagen „ausgemerzt" werden müssten. Neuroanatomisch ist durchaus nachvollziehbar, dass vor allem erfahrene Menschen solche oder ähnlich lautende Wirklichkeitsdefinitionen kaum akzeptieren können. Denn das würde ja in der Praxis bedeuten, dass das, was man zuvor an „Wegen" entwickelt hat, in die Sackgasse geführt habe, alles Bisherige umsonst gewesen wäre. Gelingt es dem Unternehmen also nicht, „das Alte" angemessen zu würdigen, ist die Gefahr groß, dass viele Mitarbeiter mit heftigen emotionalen und teilweise auch irrationalen Widerständen reagieren. Denn die Botschaft des Wandels wird oft verstanden als: *Ändert euch, irgendetwas ist falsch an euch!*

Neurologische Merker für Veränderer

- Ungerechtigkeiten ahndet unser Gehirn mit emotionalen Reaktionen!

Stellen Sie das Gerechtigkeitsgefühl der Mitarbeiter nicht zu sehr auf die Probe.

- Negativ besetzte Kontexte können nicht verlassen werden!

Sorgen Sie dafür, dass das, was bisher geschah, in einem positiven Licht steht.

- Auf gefühlte und reale Angriffe reagieren wir mit Verteidigung!

Kritisieren Sie die Mitarbeiter nicht unnötig für das, was in der Vergangenheit geschah.

- Entwicklung bedeutet, Neues zu schaffen, ohne das Alte abzuschaffen!

Stellen Sie Alt und Neu in einen plausiblen Zusammenhang. Führen Sie das Kriterium „Zeit“ als Wandlungsgröße ein. (Was heute nicht mehr funktioniert, hat früher gut funktioniert.)

4.3 Typische Führungsfehler im Umgang mit Emotionen

„Man kann einem Menschen nichts lehren – man kann ihm nur helfen, es in sich selbst zu entdecken.“
(Galileo Galilei)

Es ist prinzipiell keine leichte Aufgabe, die rechte Begeisterung für etwas Neues von außen an Menschen heranzutragen. Das ist die Erfahrung der meisten Veränderungsmanager, die schon mal versucht haben, Innovationen an den Mann oder an die Frau zu bringen. Allerdings ist es gerade deshalb auch nicht sinnvoll, Widerstände gegen die Veränderung zu dämonisieren. Widerstände bzw. negative Emotionen gehören zu jeder Veränderung dazu und sollten von Führungskräften, Beratern und Change Managern gelassen gesehen werden. Wenn man den Umgang mit Emotionen nicht gewohnt ist, können jedoch auch Fehler passieren. Folgende Führungsfehler sollten Sie als Vorgesetzter oder Change Manager im Umgang mit Emotionen möglichst vermeiden:

- *Problemorientierung*
  Emotionen werden nur als hinderliches Gestrüpp, das man herausreißen muss, gesehen.
- *Schuldzuweisungen*
  Es werden Sündenböcke für das „angespannte Betriebsklima" gesucht und gefunden.
- *Ursachenanalysen*
  Stimmungsprobleme werden personalisiert und „psychologisiert". „Wir haben hier einige Neurotiker bei uns. Die gehen gerade in die Regression."
- *Einseitigkeit*
  Es werden hauptsächlich die negativen Emotionen wahrgenommen und thematisiert, nicht aber die positiven.
- *Pauschalisierung*
  Die Emotionen werden nicht differenziert betrachtet. Wut, Trauer, Angst werden in einen Topf geworfen.
- *Handlungsdruck*
  Die Führungskräfte wollen helfen, trösten, beleh-

ren oder aufklären und setzen sich damit selbst unter Druck. Dadurch entsteht eine überfürsorgliche bzw. überkritische Haltung.

- *Aktionismus*
  Alle stürzen sich in das Management von Fakten, kümmern sich aber nicht um interpersonale Beziehungen.
- *Wirkungsblindheit*
  Die Führungskräfte sind sich der eigenen Wirkung nicht bewusst. Sie erkennen nicht, dass die eigenen negativen Emotionen auf die Mitarbeiter ansteckend wirken können.
- *Krampfhaft gute Laune*
  Die Führungskräfte versuchen krampfhaft, Optimismus auszustrahlen, obwohl ihnen innerlich nicht danach ist. Die Mitarbeiter erkennen dies meistens und der Schuss geht nach hinten los.

Diese Fehler erfolgen nicht aus böser Absicht heraus. Vielmehr ist es eine Art Eigendynamik, die sich im Wandel aufschaukeln kann, sofern man nicht bewusst gegensteuert.

4.4 Tugenden im Umgang mit Emotionen

Es gibt viele Gründe, weshalb Mitarbeiter im Wandel emotionalen Widerstand aufbauen. Einige haben vielleicht bereits schlechte Erfahrungen mit ähnlichen Prozessen gemacht, andere wiederum treibt die Angst, dass sich die eigene materielle Existenz drastisch verschlechtern könnte. Viele fürchten, lieb gewonnene Kollegenbeziehungen aufgeben zu müssen. Auch das Gefühl, den Herausforderungen mangels

Qualifikation nicht gewachsen zu sein, spielt eine Rolle und mögliche Macht- bzw. Statusverluste machen vor allem Vorgesetzten zu schaffen. Nicht zuletzt ist es der Stress und Ärger, den Viele erwarten und befürchten. Ebenso tragen die oben genannten Führungsfehler dazu bei, dass die Veränderung emotional für Aufregung sorgt.

Stellen Sie sich während des Veränderungsprozesses folgende Fragen:

- Wie kompetent bin ich, um bei der Veränderung mitzugehen?
- Wie stabil bin ich selbst derzeit? Was motiviert mich und wie halte ich die Unsicherheit aus?
- Habe ich die Fähigkeit, angesichts der zu lösenden Probleme Ideen zu entwickeln?
- Wie gut bin ich in der Lage, mit anderen klarzukommen, zu kooperieren, Konflikte auszufechten und notfalls auch unbequeme Entscheidungen durchzusetzen?
- Wie aktiv bin ich bereit zu werden, welchen kommunikativen Aufwand werde ich betreiben müssen?

Wichtig ist: Mitarbeiter sind ab einem bestimmten Zeitpunkt nicht mehr für oder gegen den Wandel. Ist einmal einige Zeit ins Land gegangen, entsteht nach dem anfänglichen Schock eine Art Ambivalenz. Die meisten sind unentschieden. Sie wissen nicht so recht, was sie von all dem Neuen, das über sie hereinbricht, halten sollen. „Einerseits und andererseits", diese Worte haben in bestimmten Phasen des Wandels in vielen Projekt- und Steuerungsgruppen Hochkonjunktur. Ein von einer Fusion betroffener Teamleiter drückte es so aus: „Einerseits sehe ich schon, dass die Zusammenarbeit mit den neuen Kollegen aus dem anderen Haus auch sehr spannend werden kann, andererseits: Wer garantiert mir, dass die uns nicht ihre Kultur aufdrängen? Damit brüsten sie sich doch die ganze Zeit!"

Im Dialog auf Ambivalenzen eingehen

Wenn Sie Veränderungen nicht nur technisch, sondern auch emotional erfolgreich managen wollen, ist es ratsam, sich im Hinblick auf die ambivalenten Phasen der Kollegen Zeit zu nehmen, um in Dialogen auf Ängste, Befürchtungen, Hoffnungen und Vorstellungen einzugehen. Dabei sollten Sie Schuldzuweisungen und psychologische Ursachenforschungen à la „Warum sind Sie gegen den Wandel?" oder „Ihnen fehlt einfach die Flexibilität!" vermeiden. Auch die beliebte Methode des „Ins-Gewissen-Redens" hilft wenig. Dadurch wird kein Problem gelöst, sondern der Widerstand meist erst recht aufgebaut. Oder haben Sie schon einmal einen störrischen Esel gesehen, der durch gutes Zureden einfach losläuft?

Als Führungskraft helfen Sie Ihren Mitarbeitern vielmehr mit einigen schlichten Tugenden:

- *Aufmerksamkeit*
  Registrieren Sie, was sozial und stimmungsmäßig in Ihrem Umfeld passiert. Achten Sie auf nonverbale wie verbale Signale und nehmen Sie diese aufmerksam zur Kenntnis. Peter Ekman spricht in diesem Zusammenhang von der „trainierbaren Möglichkeit, bei anderen Menschen Gefühle zu lesen".
- *Gelassenheit*
  Nicht auf alles muss reagiert werden. Für die Gefühle Ihrer Mitarbeiter sind Sie nicht allein verantwortlich. Hier hilft die Überzeugung, dass Mit-

arbeiter nicht etwa aus dem Grund überreagieren, weil Sie als Chef schlecht führen oder Fehler machen. Überreaktionen sind in Change-Prozessen normal. Machen Sie sich das immer wieder klar.

- *Augenzwinkernd Probleme angehen*
  Nutzen Sie die Kraft des Humors. Eine witzige oder geistreiche Bemerkung kann Situationen entspannen und Krisen entschärfen. Eine von Ihnen nicht aufgesetzte, sondern glaubwürdig ironische und augenzwinkernde Haltung gegenüber den Problemen der Veränderung wirkt positiv ansteckend.
- *Distanz und Einführen der Außenperspektive*
  Es fällt uns schwer, in schwierigen Situationen den Überblick zu behalten. Entweder haben wir die Tendenz zur Flucht oder wir beginnen, zu kämpfen. Wenn Sie die Außenperspektive einführen, hilft das den Mitarbeitern, dass keines von beidem passiert. Gespräche sind hierfür am besten geeignet.
- *Aktives Hinhören und Verstehen statt Erklären und Bewerten*
  Zuhören ist wichtiger als Reden. Dieser Grundsatz bewahrheitet sich gerade im Veränderungsprozess. Wenn Sie bei Problemgesprächen mehr reden als aktiv hin- bzw. zuhören, ist das Gespräch kein Gespräch mehr. Der Kardinalfehler vieler Vorgesetzter ist, dass sie sich aufs Erklären und Bewerten beschränken, in der Art: „Das kann nicht sein und ist auch logisch falsch, was Sie da sagen, da kann ich Sie beruhigen.“ In angespannten Situationen wollen die Mitarbeiter solche Dinge am allerwenigsten hören. Sie wollen zum einen klare Aussagen, zum anderen aber auch ei-

nen Vorgesetzten, der zuhört und ihre Befindlichkeiten und Probleme ernst nimmt.

- *Gemeinsam Fragen aufwerfen*
  Die vielleicht wichtigste Tugend gerade in schwierigen Situationen ist, dass Vorgesetzte den Mitarbeitern Fragen stellen. Fragen dienen nicht allein dazu, Informationen zu gewinnen, sondern sind für die Mitarbeiter auch ein wichtiges Instrument der Selbstreflexion. Mit Fragen, die an die systemische Beratung angelehnt sind, helfen Sie sowohl sich als auch dem Mitarbeiter, Probleme aus der Distanz zu sehen und somit Selbstkompetenz und Verantwortung aufzubauen (Bild 19). Auf diese Weise lassen sich dann auch negative Emotionen im Zusammenhang mit dem Change-Prozess bearbeiten.

Hypothetische Fragen	Angenommen, Sie könnten derzeit hier im Unternehmen völlig frei handeln und bestimmen – was würden Sie tun?
Ziel	Einführung neuer Ideen und Sichtweisen oder alternativer Verhaltensweisen, Erweiterung des Handlungsspielraums.
Hypothetische Fragen auf der Basis rekursiver Beschreibungen	Angenommen, es wäre überlebensnotwendig, dass Sie und Ihre Kollegen zukünftig optimal zusammemarbeiten – was wäre Ihr persönlicher Beitrag?
Ziel	Unterbrechung des linear-kausalen Musters wechselseitiger Schuldzuschreibung, Zuschreibung von Verantwortung an alle Beteiligten.
Zirkuläre Fragen	Wie, glauben Sie, sehen die Kollegen X, Y und Z die momentane Situation? Was würde ein unsichtbarer Beobachter zu Ihrer/unserer derzeitigen Zusammenarbeit sagen?
Ziel	Einführung der Außenperspektive, Einführung neuer Sichtweisen, Verständnis für andere wecken.
Beispielfragen nach Ausnahmen	Wann ging es Ihnen während unseres Veränderungsprozesses gut? Wann hatten Sie das letzte Mal Spaß hier bei der Arbeit?
Ziel	Die Opferrolle des Mitarbeiters dekonstruieren, auf Lösungen statt Probleme fokussieren. Auf positive Gefühlserlebnisse fokussieren.
Futur-II-Fragen	Stellen Sie sich vor, zwei Jahre sind vorbei, und Sie haben Ihre Ziele erreicht (die Fusion ist rundum gelungen) – woran werden Sie sich dann erinnern wollen?
Ziel	Aushandeln der Schritte in Richtung der Ziele oder der Lösung.
Verschlimmerungsfragen	Wenn wir beide wollten, dass die Situation hier noch unerträglicher wird – was wäre da unser gemeinsamer Beitrag?
Ziel	Mitarbeitern Handlungsoptionen und Einflussmöglichkeiten auf die eigene Situation aufzeigen, Angstmuster unterbrechen, „Gemeinsam-im-Boot-Gefühl" fördern.

Bild 19: Fragetechniken und ihre Ziele

5 Emotionen managen: Weiterführende Gedanken

Kommen wir zurück zum Anfangsbild, in dem Athene den Kentauren bekämpft. Dieses Bild drückt auch heute noch die Einstellung vieler Menschen zum Thema Emotionen aus. Viele wollen Emotionen lieber bändigen, bekämpfen oder auslöschen, als sich mit ihnen auseinander zu setzen. Wir sehen unsere Befindlichkeiten nicht selten als Feinde einer ausgewogenen, zielorientierten Lebensführung oder Berufskarriere an. Sie stören, sind lästig und höchstens dann gut, wenn sie positiv sind oder uns einen kurzen Kick verschaffen. Ansonsten sollen sie uns möglichst in Ruhe lassen, denn sie stören den reibungslosen Ablauf. Michael Ende sprach einmal von der „Effizienzmafia“, die das wirtschaftliche und öffentliche Leben am liebsten nach reinen Kennzahlen organisiert sehen möchte. Emotionen? Die sind da nur Sand im Getriebe. Beantworten Sie folgende Frage für sich selbst: „Bin ich nicht manchmal auch schon Teil dieser Mafia, gerade wenn es um den Umgang mit meinen oder den Emotionen meiner Kollegen oder Mitarbeiter im Unternehmen geht?“

5.1 Das emotionale Potenzial nutzen

Emotionen können anstrengend sein, keine Frage, besonders auch im Arbeitsleben. Sie stören, regen uns auf, boykottieren Pläne und Ziele. Sie kommen oft ungelenk daher und können uns Tage, Wochen und ganze Monate vermiesen. Und sie kommen scheinbar immer dann, wenn man sie am wenigsten brauchen kann. Dennoch: Jedes Negieren dieser durch und durch menschlichen Bedingung bringt uns ebenso in Bedrängnis. Denn Emotionen können auch anders: Sie können uns motivieren, Orientierung geben, Ratgeber sein und uns vor vielen unliebsamen Dingen schützen. Sie sind Taktgeber und Entscheidungshilfe. Nicht umsonst sagen manche auch: „Mein Kopf wollte so, mein Bauch wollte etwas anderes. Und, mein Bauch hat Recht behalten.“ Wir sollten dieses Potenzial nutzen, anstatt uns darüber zu beschweren. Was wäre das Leben ohne Emotionen? Gäbe es denn Fortschritt, Begeisterung, Identifikation, Leidenschaft, Freundschaft, Liebe und Zusammenhalt ohne Gefühle? Wenn ja, was für eine Welt wäre das? Haben Sie sich das schon einmal gefragt?

Emotionen managen bedeutet, sich aktiv mit seinen und den Gefühlen anderer auseinander zu setzen!

5.2 Bewusster Umgang mit den eigenen Gefühlen

Es gibt noch ein weiteres Argument für einen konstruktiven Umgang mit Emotionen: Wir leben nicht nur in einem Zeitalter der überbetonten Rationalität, sondern auch in einem Zeitalter der Selbstdarstellung bzw. Selbstinszenierung. Immer mehr Menschen sehen sich offenbar genötigt, sich im Beruf gut zu verkaufen. Organisationspsychologen sprechen in diesem Zusammenhang von „Eindrucksmanagement“, das viele Menschen praktizieren, um in einem möglichst positiven Licht dazustehen. Dieser Hang und teilweise Zwang zur Selbstdarstellung führt dazu, dass einige das Gefühl haben, sich von sich selbst, von ihrem Wesenskern entfernen zu müssen. Man spricht daher auch vom Verlust der Echtheit bzw. Authentizität. Manchen allerdings scheint dieser Mangel schon nicht mehr aufzufallen. Für diesen speziellen Typus – eine Art neuer Sozialcharakter – gibt es sogar ein neues Wort: „Histrio“ oder wissenschaftlich ausgedrückt: „histrionische Persönlichkeit“. Peter Winterhoff-Spurk umschreibt den Histrio wie folgt:

- Seine Gefühle sind schnell erregt, flach, oberflächlich, labil, theatralisch und wenig differenziert. Er neigt zu Gefühlsausbrüchen.
- Sein Denken ist egozentrisch, oberflächlich, intuitiv, wenig strukturiert und impressionistisch. Dadurch fehlt ihm häufig ein systematisches und strukturiertes Faktenwissen. Er kann sich nicht lange konzentrieren und lebt stark im Hier und Jetzt.
- Sein Verhalten ist durch Interesse für alles Lebhafte, Farbige, emotional Aufgeladene und Provozierende gekennzeichnet, das er schnell imitiert. Er füllt seine innere Leere oft mit Erlebnishunger und aufregenden äußeren Ereignissen.

Ein kluges emotionales Management kann uns vor einer sinnentleerten Entwicklung schützen, indem wir bewusst mit unseren positiven wie negativen Gefühlen umgehen lernen!

5.3 Denken und fühlen Sie positiv *und* negativ

Ein weiteres Argument für ein kluges Emotionsmanagement ist, dass es uns die Kunst des positiven wie auch negativen Denkens lehren kann. Unter bestimmten Umständen kann es durchaus eine Kunst sein, nicht nur positiv zu denken, sondern das Schlechteste über Dinge, Verhältnisse und Menschen anzunehmen. Unsere Emotionen leiten uns nicht selten zu unseren negativen und ungeraden Gedanken. Sie zeigen uns, dass das Leben nicht nur eine Glücksveranstaltung sein muss. Das zwanghafte Positivdenken und Sich-jederzeit-gut-fühlen-Müssen hat deswegen so einen großen Erfolg, weil man glaubt, die „lästige Widerspruchsstruktur" des Lebens aus den Angeln heben zu können und dem Positiven allein Bahn zu brechen (Wilhelm Schmid). Die Erfahrung zeigt jedoch: Je autosuggestiver wir an eine solche Glücksideologie bzw. Gefühlsnorm glauben, desto mehr wächst die Gefahr, von den Widersprüchlichkeiten des Lebens wieder eingeholt zu werden. Wer sich auch in der Kunst des negativen Denkens übt und sich nicht unter einen Glücks-Denk-Erfolgszwang setzt, kann durchaus positive Überraschungen erleben, und zwar im doppelten Sinne: „Wer so denkt, wird nur selten enttäuscht, und sollte er dennoch enttäuscht werden, dann nur angenehm" (Wilhelm Schmidt). Anstatt also einen unrealistischen Perfektionismus zu betreiben, der meistens durch einseitige autosuggestive Verstandesübungen zustande kommt, sagen uns unsere Emotionen: „Lass es gut sein, auch wenn du dich dagegen stemmst, wir sehen es jetzt nun mal so und nicht anders." Das Leben ist ambivalent und nicht linear. Es gleicht eher den Gezeiten des Meeres als einer mathematischen „Glücksformel".

„Je weniger der Geist zur Introspektion tendiert, desto mehr ist er Opfer der Illusion, dass er sich selber ausgezeichnet kenne." (Jean Piaget)

Die eigenen Emotionen managen – Fahrplan zur emotionalen Selbstreflexion

■ **Die eigenen Emotionen wahrnehmen und identifizieren**
Versuchen Sie, sich allein oder im Umgang mit anderen bewusst auch auf sich selbst zu konzentrieren. Finden Sie in wichtigen oder konfliktreichen Situationen heraus, welche positiven wie negativen Gefühle Sie gerade haben.

■ **Beschreiben, Erklären und Bewerten unterscheiden**
Versuchen Sie, in Ihrem persönlichen Erleben zwischen
- **Beschreiben** (äußere Beobachtungen: Zahlen, Daten Fakten; innere Zustände: ich denke, fühle gerade...),
- **Erklären** (eigene Theorie, Fantasie, Interpretation) und
- **Bewerten** („gut – schlecht"; „richtig – falsch"; „stark-schwach")

zu unterscheiden.
Beispiel: Ich höre meinen Chef schreien (Beschreiben), wahrscheinlich habe ich zu viele Fehler gemacht (Erklären, Interpretieren). Jetzt bin ich frustriert (Bewerten, Gefühl).

■ **Emotionen anderer einschätzen und trainieren**
Vergewissern Sie sich, ob Sie die Emotionen anderer Menschen annähernd richtig einschätzen oder vielleicht auch öfter danebenliegen. Dies können Sie erreichen, indem Sie zu einem guten Beobachter zwischenmenschlicher Aktionen und Interaktionen werden. Achten Sie auf Gestik, Mimik, Wortwahl, Betonung.

- **Andere Menschen respektvoll befragen, um deren „emotionale Landkarten“ kennen zu lernen**

Es gibt gerade auch in beruflichen Situationen, wie etwa im Mitarbeitergespräch, genug Möglichkeiten, um jemanden auch emotional besser kennen zu lernen, etwa, indem Sie Fragen stellen.
Beispiel: Wie würde es sich auf Sie auswirken, wenn Sie Chef würden? Was müsste jemand tun, um Sie zu ärgern? Unter welchen Umständen würden Sie kündigen? Womit könnte man Sie erfreuen?

- **Zu den Emotionen stehen, ob negativ oder positiv**

Auch Gefühle und Befindlichkeiten sind Tatsachen. Sie können Sie oft nicht von einer Sekunde auf die andere ändern. Führen Sie bewusste innere Dialoge, indem Sie Ihre Emotionen formulieren: „Ich freue mich gerade“, „Ich ärgere mich über ...“, „Der oder die bringt mich gerade aus der Fassung.“

- **Die eigenen negativen Gefühle akzeptieren und nach ihrer Nützlichkeit fragen**

Die hohe Kunst des emotionalen Selbstmanagements ist, die Nützlichkeit der eigenen Gefühle anzuerkennen. Dies tat schon Aristoteles, indem er Wut als etwas sehr Hilfreiches ansah. Anstatt Ihre negativen Gefühle zu bekämpfen, könnten Sie sich selbst fragen: Worauf möchte mich mein schlechtes Gefühl hinweisen? Was will es mir sagen? Was ist die Botschaft meines Gefühls? Was könnte ich tun, damit ich mich besser fühle? Wozu ist dieses Gefühl gerade gut?

- **Menschen, die Gefühle absprechen oder diese umdeuten wollen, nicht sehr ernst nehmen**

Manche Zeitgenossen singen ein Hohelied auf ihre „Menschenkenntnis“. Sie schwingen sich zu „Experten“ der anderen auf und versuchen, anderen ihre „wahren, eigentlichen Gefühle und Motive“ einzureden, sprich „tiefenpsychologische“ Analysen anzustellen. Nehmen Sie solche Zeitgenossen nicht allzu ernst oder nehmen Sie's mit Humor!

5.4 Werden Sie Ihr eigener Krisenmanager

Emotionen kommen oft dann, wenn wir nicht mit ihnen rechnen oder wir sie eigentlich nicht brauchen können. Daher sind sie unberechenbarer als unsere Gedanken. Man spricht in diesem Zusammenhang auch von „Emotionsüberflutung“. Wir erleben uns von unseren Gefühlen hin und her geworfen oder regelrecht überschwemmt. Allerdings können wir auch in solchen emotionalen Ausnahme- bzw. Krisensituationen lernen, besser mit unseren Gefühlen umzugehen. Denken Sie an die berühmte Prüfungsangst oder Redeangst. Es kann sich durchaus lohnen, sein eigener Krisenmanager in Bezug auf unangenehmer oder „unpassender“ Emotion zu werden.

Im folgenden werden Möglichkeiten beschrieben, wie Sie als „Krisenmanager“ in eigener Sache handeln könnten:

- **Platzieren**
  Lokalisieren Sie Ihr Gefühl. Achten Sie darauf, wo an welcher Stelle des Körpers sich das Gefühl zeigt bzw. repräsentiert ist. Richten Sie Ihre Aufmerksamkeit nach innen. Spüren, fühlen Sie in sich selbst hinein.

- **Ausdrücken**
  Geben Sie der Emotion einen Namen. Versuchen Sie, das Gefühl zu benennen. In den Bildern 20 und 21 fin-

den Sie verschiedene positive und negative Varianten von Emotionen. Manchmal gibt es auch Metaphern oder Gleichnisse, die uns einfallen. Diese müssen nicht logisch sein, wirken aber psychologisch! Beispiel: „Ich fühle mich gerade wie ein nicht gestimmtes Schifferklavier."

- Akzeptieren
  Lassen Sie die Emotion so, wie sie ist. Versuchen Sie nicht, die Emotion zu verändern, zu bagatellisieren, schönzureden oder zu relativieren bzw. zu bändigen. Genießen Sie, wenn es eine positive Emotion ist, akzeptieren Sie, wenn es eine negative ist. Sagen Sie sich: Ich bin wütend, ärgerlich, fröhlich, neugierig, je nachdem, welchen Namen Sie der Emotion gegeben haben.
- Skalieren
  Versuchen Sie auf einer Skala von 1 bis 10 einzustufen, wie stark die Emotion gerade ist.
- Spekulieren
  Versuchen Sie, mit der Emotion zu spielen, indem Sie sie in die Schwebe bringen. Damit ist gemeint, dass Sie die Emotion anreichern mit Ideen. Wie würde es sich anfühlen, wenn ich anstelle von ... (z. B. wütend) ... (z. B. nachdenklich) wäre. Bringen Sie Spekulation und Fantasie ins Spiel (siehe Bild 20).

5.5 Die Kunst des Gespräches kultivieren

Die Art und Weise wie wir uns selbst fühlen und andere sich mit uns fühlen, hängt sehr stark davon ab, wie bereit wir sind, uns mit uns selber, aber auch mit anderen Menschen auseinanderzusetzen. Die Kommunikation mit anderen, sie zu pflegen, zu kultivie-

fröhlich erfreut erwartungsvoll
angenehm berührt sehnsuchtsvoll
zugehörig verantwortlich entschlossen
herausgefordert kämpferisch
spielerisch bequem aufgeregt
bewegt schelmisch
sanft liebevoll voller Leben
in meinem Element ausgewogen
hoffnungsvoll einsichtig wohlauf
respektiert geliebt
inspiriert fit optimistisch
fähig privilegiert
angenehm überrascht unbeschwert selbstsicher
wertvoll frei
zuversichtlich sicher verliebt
stolz zufrieden
erleichtert entspannt nützlich
kraftvoll unterstützt
beruhigt gerührt glücklich
geschätzt anerkannt
energisch enthusiastisch dankbar
froh engagiert

Bild 20: Angenehme Gefühle

allein
verängstigt
beleidigt
besorgt
wütend
verärgert
ausgegrenzt
verletzt
verspannt
eifersüchtig
machtlos
müde
nicht ernst genommen
unbedeutend
unglücklich
zappelig
unzufrieden
unsicher
zweifelnd
schuldig
düster
enttäuscht
traurig
verzweifelt
abhängig
zurück-gewiesen
abgeneigt
aggressiv
erschrocken
beschämt
unbeachtet
deprimiert
abgeschieden
selbstsüchtig
frustriert
irritiert
gehemmt
gestresst
verlassen
in einer Patsche
verwundbar
leer
lustlos
minderwertig
erfolglos
entmutigt
nichts
unangenehm überrascht
undankbar
unterdrückt
unbequem
gleichgültig
rebellisch
überflüssig
verblüfft
überarbeitet
unruhig
aus dem Gleichgewicht
gelangweilt
misstrauisch
eingebildet
verwirrt
gespalten
blamiert
verbittert
betäubt
gedemütigt
besiegt
nervös

Bild 21: Unangenehme Gefühle

ren und entsprechend anzubieten ist auch heute noch eine wichtige Voraussetzung für befriedigende Sozial- und Arbeitsbeziehungen. In Organisationen hat das Gespräch in den letzten 20 Jahren eine deutliche Aufwertung erfahren, wie die vielen Formen der Arbeitsgespräche beispielsweise Beurteilungsgespräche, Zielvereinbarungsgespräche, Konfliktgespräche oder Potentialentwicklungsgespräche zeigen. Gut geführte Gespräche zwischen Vorgesetzten und Mitarbeitern, aber auch unter Kollegen, führen zu

- besserer Informiertheit,
- mehr Verständnis,
- höherer Motivation und
- qualitativ höherwertigen Arbeitsergebnissen.

Die Kunst des Gespräches zu praktizieren, ist allerdings für viele eine nicht ganz leichte Übung. Manche tun sich schwer damit, weil sie glauben, möglicherweise nicht den richtigen Ton zu finden. Andere wiederum finden Gespräche überflüssig, weil „eh nichts dabei rauskommt". Um kontextorientiert und emotional befriedigend mit Kollegen, Mitarbeitern und Vorgesetzten, aber auch mit sich selbst, kommunizieren zu können, bieten sich fünf Formen des Gesprächs an:

- Plauderei
- Informationsaustausch
- Dialog
- Begegnender Dialog
- Selbstgespräch

Plauderei

Bei Cocktailempfängen, auf Partys oder in der Betriebskantine bietet sich eher ein oberflächliches

Geplänkel, eine Plauderei, an. Diese Form des Dialogs kann viel Spaß machen, gerade weil man Unverbindliches und Belangloses miteinander austauscht. Wir nähren auf diese Art einfach unser natürliches Bedürfnis nach Austausch mit anderen. Allerdings birgt diese Form der Kommunikation auch Gefahren: Sollte etwa jemand nur auf diese Weise kommunizieren, wird er selten seine Ziele bei anderen durchsetzen und auf Dauer sogar von anderen nicht mehr sehr ernst genommen werden.

Wer bei eher zwanglosen Veranstaltungen das ernste Arbeitsgespräch sucht, erreicht unter Umständen auch nicht das gewünschte Ziel. Die Kunst ist, je nach Rahmen die „richtige" Gesprächsform zu wählen.

Informationsaustausch

Im Gegensatz zur Plauderei ist beim Informationsaustausch wichtig, dass Argumente hin- und hergehen. Es wird um sachliche Lösungen und Ziele gerungen. Wir versuchen, andere durch Logik und Plausibilität zu überzeugen. Im Berufsleben ist diese Form des Gesprächs wohl die am weitesten verbreitete. Besprechungen, Meetings und Verkaufsgespräche finden sehr oft auf dieser Stufe statt, ebenso wie Politikerrunden und Fachseminare. Wichtig zu wissen ist bei dieser Gesprächsform, dass hier klar die Sachebene die entscheidende Rolle spielt und erst in zweiter Linie die Beziehung zum Gesprächspartner. Viele Menschen empfinden daher diese Form der Gesprächsführung alleine als nicht ausreichend für eine effektive Gesprächspraxis.

Dialog

Im Dialog werden nicht nur Argumente oder Informationen ausgetauscht, sondern zentral ist die Beziehung zum Gesprächspartner. Wir stellen uns auf ihn ein, hören aktiv zu und versuchen den Standpunkt des anderen in unsere Überlegungen mit einzubeziehen. Dann erst erläutern wir unsere Sichtweise. Der Gesprächspartner fühlt sich durch diese Wechselwirkung verstanden. Die Chance, auch vom anderen besser verstanden zu werden, steigt. Denn meistens richten sich die Gesprächspartner nach dem Stil des Gesprächsführers. Geschickte Verhandlungspartner wählen diese ganzheitliche Form des Dialogs, weil sie auf Dauer wirkungsvoller ist und für Nachhaltigkeit in der Beziehung zum Gesprächspartner und für positive Emotionen sorgt. Suchen wir den Dialog, dann sollten wir auch genügend Zeit für das Gespräch einplanen, einen ruhigen Raum zur Verfügung haben und vor Störungen geschützt sein.

Begegnender Dialog

Beim begegnenden Dialog wechseln die Gesprächspartner meistens zwischen dem Gesprächsthema, ihrer Beziehung zueinander und den eigenen Gefühlen hin und her. Menschen, die sich durch den Dialog begegnen, haben oft das Gesprächstempo verlangsamt. Es gibt möglicherweise auch längere Sprech- bzw. Gedankenpausen sowie Blickkontakte und aussagekräftige Gesten. Beim begegnenden Dialog wird häufig in Analogien und Metaphern gedacht und gesprochen. Die Gesprächspartner spüren, dass sie miteinander in Kontakt sind. Logik allein ist nicht mehr so wichtig, Widersprüche werden sogar als bereichernd hingenommen. Diese Gesprächsform ist dann möglich, wenn beide Gesprächspartner sich erlauben, auf bestimmte Zeit aus ihren angestammten Rollen auszusteigen. Es gilt sozusagen, das enge Korsett der Alltagsökonomie (schneller, höher, weiter, besser) zu verlassen und statt dessen Gelassenheit und Aufmerksamkeit zuzulassen. Im beruflichen Alltag ist diese Form des Dialogs selten zu beobachten. In Workshops oder anderen Ausnahmesituationen kann es sich allerdings bezahlt machen, bei passender Gelegenheit auch diese Form der Kommunikation mit Kollegen, Mitarbeitern und Vorgesetzten anzustreben.

Selbstgespräch

Eine weitere Form des Dialogs ist das Gespräch mit sich selbst. Eine Gesprächsform zu der Sie – wie das Wort schon sagt – niemanden benötigen außer sich selbst. Wenn wir mit uns selbst, laut oder leise, bewusst und liebevoll sprechen, kann das unser Wohlbefinden erheblich steigern. Aufmerksame Selbstgespräche erhöhen die Konzentration unserer Gedanken und die Wahrnehmung unserer Gefühle. Selbstgespräche geben uns Raum für uns selbst. Wir bringen vielleicht Trennendes zusammen, bekommen Impulse für Neues und schmieden gedanklich alternative Pläne für die Zukunft. Im selbstbewussten positiven Selbstgespräch können wir uns selbst und die Welt wieder neu erfinden. Das Gehirn ist voller einsamer Gedanken. Sie flehen darum, etwas Sinnvolles hervorzubringen (vgl. Theodore Zeldin). Ein absichtlich herbeigeführtes Selbstgespräch hilft, das Leben als Gesamtkunstwerk in seinen Übergängen, Passagen und Wendepunkten immer wieder neu zu überdenken. Selbstgespräche – oder Selbsterzählungen – ordnen uns, weil auf diese Weise andere Erzählungen und „Außengeräusche“, die teilweise unfreiwillig auf uns einströmen, blockiert werden. Wir schaffen uns im Dialog mit uns selbst emotionale Freiräume, die sonst nur in der Meditation oder während des Schlafs erfahrbar sind.

Das Selbstgespräch kann verschiedene Formen annehmen: Einmal ohne Worte – das stille Selbstgespräch. Oder das hörbare Selbstgespräch – als selbstperformativer Akt – zum Beispiel während einer längeren Autofahrt. Die dritte Form des Selbstgespräches ist der schriftliche Weg. Schriftliche Selbstgespräche haben den Vorteil, dass wir auf diese Weise zu „Zeichen-Zeugen“ unseres eigenen Denkens werden, wir eine Spur unserer selbst hinterlassen. Im Aufschreiben von Gedanken ergeben sich so manche Aha-Effekte. „Meine gesprochenen Worte überraschen mich selbst und lehren mich meine Gedanken“, so Maurice Merleau Ponty.

Beginnen Sie ein emotionales Tagebuch zu führen, in das Sie all das hineinschreiben, was Sie bewegt. Sie werden schnell merken, wie sich Ihr Wohlbefinden steigert und sich Ihre Konzentration erhöht.

Literatur

Aristoteles.: *Rhetorik.* Reclam Verlag, Ditzingen 1999

Bauer, J.: *Warum ich fühle, was du fühlst.* Hoffmann und Campe Verlag, Hamburg 2005

Bentien, C.; Fleig, A.; Kasten, I. (Hrsg.): *Emotionalität. Zur Geschichte der Gefühle.* Böhlau Verlag, Köln 2000

Blanton, R.: *Radikal ehrlich.* Ernst Kabel Verlag, Hamburg 1997

Buckingham, M.; Coffmann, C.: *Erfolgreiche Führung gegen alle Regeln.* Campus Verlag, Frankfurt/Main 2001

Ciompi, L.: *Die emotionalen Grundlagen des Denkens.* Vandenhoeck & Ruprecht, Göttingen 1999

Csikszentmihalyi, M.: *Flow im Beruf. Das Geheimnis des Glücks am Arbeitsplatz.* Klett-Cotta, Stuttgart 2004

Damasio, A. R.: *Der Spinoza-Effekt.* Ullstein Heyne List, München 2003

Doppler, K.; Lauterburg, C.: *Change Management. Den Unternehmenswandel gestalten.* Campus Verlag, Frankfurt/Main 2005

Ekman, P.: *Gefühle lesen.* Elsevier Spektrum, München 2004

Ende, M.: *Momo.* Thieneman Verlag, Stuttgart 2005

Girard René; *Ich sah Satan vom Himmel fallen wie einen Blitz.* Eine kritische Apologie des Christentums. Carl Hanser Verlag, München Wien 2002

Goleman, D.: *Dialog mit dem Dalai Lama.* Carl Hanser Verlag, München Wien 2003

Goleman, D.: *Emotionale Intelligenz.* Carl Hanser Verlag, München Wien 1996

Hell, D.: *Welchen Sinn macht Depression?* Rowohlt Tb. Verlag, Hamburg 2004

Hobbes, T.: *Leviathan.* Reclam Verlag, Ditzingen 1986

Hülshoff, T.: *Emotionen.* Ernst Reinhardt Verlag, München 2001

LeDoux, J.: *Das Netz der Gefühle.* Carl Hanser Verlag, München Wien 1998

Merten, J.: *Einführung in die Emotionspsychologie.* Kohlhammer, Stuttgart 2003

Morgan, G.: *Bilder der Organisation.* Klett-Cotta, Stuttgart 2002

Meyer, W.-U.; Schützwohl, A.; Reisenzein, R.: *Einführung in die Emotionspsychologie.* Bd. 1. Huber Verlag, Bern 1993

Mitscherlich, A.; Mitscherlich, M.: *Die Unfähigkeit zu trauern.* Piper Verlag, München 2004

Nagel, E.: *Welchen Wandel wollen wir?* Verlag Rüegger, Chur Zürich 2003

Neuberger, O.: *Führen und geführt werden.* Lucius & Lucius Verlag, Stuttgart 2001

Panse, W.; Stegmann, W.: *Angst - Macht - Erfolg.* Volk Verlag, München 2004

Osgood, C.; May, W.; Mison, M.: *Cross-cultural universal of affective meaning.* University of Illinois Press, Urbana 1975

Pessoa, F.: *Das Buch der Unruhe des Hilfsbuchhalters Bernardo Soares.* Amman Verlag, Zürich 2003

Peseschkian, N.: *Klug ist jeder. Der eine vorher, der andere nachher.* Herder Verlag, Freiburg 2003

Platon: *Der Staat.* Reclam Verlag, Ditzingen 1982

Retzer, A.: *Passagen. Systemische Erkundungen.* Klett-Cotta, Stuttgart 2002

Rhode, R.; Meis, M. S.: *Wortlos sprechen.* Oesch Verlag, Zürich 2004

Rorty, R.: *Der Spiegel der Natur. Eine Kritik der Philosophie.* Suhrkamp, Frankfurt 2003

Rost, W.: Emotionen. *Elixiere des Lebens.* Springer Verlag, Berlin Heidelberg 2001

Ryle, G.: *Der Begriff des Geistes.* Reclam, Stuttgart 1969

Schmid, W.: *Schönes Leben? Einführung in die Lebenskunst.* Suhrkamp Verlag, Frankfurt/Main 2000

Schmitz, H.: *System der Philosophie.* Bd. 3/2. Der Gefühlsraum. Bouvier, Bonn 1969

Schreyögg, G.; Sydow, J.: *Emotionen und Management.* Gabler Verlag, Wiesbaden 2001

Schiller, F.: *Sämtliche Werke in fünf Bänden.* Bd. 5. dtv, München 2004

Searle, J. R. *Geist. Eine Einführung.* Suhrkamp, Frankfurt 2006

Simon, F. B.: *Gemeinsam sind wir blöd?* Carl-Auer-Systeme Verlag, Heidelberg 2004

Simon, F. B.: *Radikale Marktwirtschaft.* Carl-Auer-Systeme Verlag, Heidelberg 1992

Spitzer, M.: *Selbstbestimmen. Gehirnforschung und die Frage: Was sollen wir tun?* Elsevier Spektrum Verlag, München 2004

Voss, C.: *Narrative Emotionen.* Walter de Gruyter, Berlin 2004

Wassmann, C.: *Die Macht der Emotionen.* Wissenschaftliche Buchgesellschaft, Darmstadt 2002

Weber, M.: *Wirtschaft und Gesellschaft.* Reclam Verlag, Ditzingen, 1980

Winterhoff-Spurk, P.: *Kalte Herzen. Wie das Fernsehen unseren Charakter formt.* Klett-Cotta, Stuttgart 2005

Wüthrich, H. K., Osmetz, D., Kaduk, S.: *Musterbrecher – Führung neu leben.* Gabler Verlag, 1. Aufl. 2006

Zeldin, T.: *Der Rede Wert.* Wie ein gutes Gespräch Ihr Leben bereichert. Piper Verlag, 2001

Zimmer, D. E.: *Die Vernunft der Gefühle.* Piper Verlag, München 1988

Aufsätze:

Eibl-Eiblsfeld, I.: *Gezähmte Dominanz.* In: Harvard Business Manager, 2003, Heft 8, S.93 f

Fischer, H .R.: *Order from Noise. Zu den Wurzeln von Kreativität.* In: Lernende Organisation. Zeitschrift für systemisches Management und Organisation. Wien, Nr. 21, Sept./Okt. 2004, S. 20–27

Fischer, H. R.: *Psychotherapie oder Neurobiologie? Lost in Translation.* In Familiendynamik 4/04. S. 357–396

Schöll, R.: *Mehr Gefühl im Change-Prozess.* In: Manager Seminare, Nr. 84, März 2005, S. 76–84

Schöll, R.: *Coaching - Überblick statt Tunnelblick.* In: Insights, Nr. 1/06, März 2006